Anleitung zum Selbstfinden der reinen Mathesis nach Platonischer Weise für die obern Classen in Gymnasien

von

Friedrich Schmeißer,
Doctor der Philosophie, Lehrer bei der Ritteracademie zu Dresden,
Mitgliede der lateinischen Gesellschaft zu Jena.

Erster Theil. Die Arithmetik.
Erster Lehrgang.

Mit 1 Kupfer.

Berlin, 1817.
Realschulbuchhandlung.

Anleitung

zum Selbstfinden

der

Arithmetik

nach

Platonischer Weise

für

die obern Classen in Gymnasien

von

Friedrich Schmeißer,

Doctor der Philosophie, Lehrer bei der Ritteracademie zu Dresden,
Mitgliede der lateinischen Gesellschaft zu Jena.

Erster Lehrgang.

Mit 1 Kupfer.

Berlin, 1817.
Realschulbuchhandlung.

Archimedes und der Schüler.

Zu Archimedes kam ein wißbegieriger Jüngling,
Weihe mich ein, sprach er zu ihm, ein in die göttliche Kunst,
Die so herrliche Frucht dem Vaterlande getragen
Und die Mauern der Stadt vor der Sambuca beschützt.
„Göttlich nennst du die Kunst? Sie ist's, versetzte der Weise,
Aber das war sie, mein Sohn, eh' sie dem Staat noch gedient.
Willst du nur Früchte von ihr, die kann auch die sterbliche zeugen,
Wer um die Göttin freit, suche in ihr nicht das Weib."

Schiller.

Inhalt.

Einleitung.

Begriffe, welche die Mathesis voraussetzt. §. 1 — 20.

Erster Theil. Die Arithmetik.

Von dem Denken der Größen, Zahlen und Verhältnisse.

Zu verbessern.

S. 39 Z. 21 statt §. 40. setze §. 41.
— 76 in der Tafel statt 0,9 s. 0,8 und 9,0 statt 0,9
—165 Z. 13 statt a s. α
—166 —15 — 2) s. β)
—168 —21 — b) s. 2)
—177 —19 streiche aus §. 137.
—186 — 7 „ „ §. 144.
—188 — 2 statt §. 145. s. §. 144.
—216 —20 — $\sqrt{3}$ s. $\sqrt{2}$

Die reine

Mathesis.

Erster Lehrgang.

Einleitung.

Begriffe, welche die Mathesis voraussetzt.

Von den Dingen der Natur.

§. 1. Da die Dinge der Natur, welche uns allenthalben umgeben, mit uns in einer solchen Verbindung stehen, daß wir an ihnen und durch sie unsere Geschäfte verrichten und unser Wirken im Leben ohne sie nicht möglich ist, so haben wir eine möglichst genaue Kenntniß derselben nöthig. Um aber diese zu erlangen, müssen die Stoffe und die Eigenschaften derselben einer sorgfältigen Betrachtung unterworfen werden. Der Inbegriff alles dessen, was man entweder von ihnen weiß oder an ihnen wahrnimmt, macht eine eigene Wissenschaft aus, welche die *Naturwissenschaft* (τα φυσικα) heißt, und welche in zwei Haupttheile: die *Naturbeschreibung* (*Naturgeschichte*, historia naturalis) und die *Naturlehre* oder *Physik* (φυσικη) getheilt wird.

Qualität und Quantität.

§. 2. Solche Betrachtung der Dinge der Natur läßt uns bald wahrnehmen, daß sie in einer zweifachen Hinsicht geschehen kann. Wir können

a) entweder blos erkennen, von welcher Art (qualis) ein Gegenstand sey, d. i. seine Eigenschaften an sich; z. E. bei einem Steine, daß er aus einem harten, spröden Stoffe besteht, daß er Schwere, Dichtigkeit u. s. w. hat. Diese Beschaffenheit nennt man seine Qualität (qualitative Eigenschaften);

b) oder wir untersuchen, wieviel (quantum) er von einer Beschaffenheit, die er besitzt, enthält; z. E. wieviel er Schwere, oder Härte rc. hat, wieviel er Raum einnimmt rc. Dieses heißt die Quantität desselben.

Merkwürdig ist, daß nichts Qualitatives gedacht werden kann ohne Quantität, mithin die Quantität eine nothwendige Bedingung der qualitativen Eigenschaften ist, um sie wahrzunehmen.

a) Qualität.

§. 3. Um die qualitative Beschaffenheit der Dinge wahrzunehmen, hat uns die Natur fünf Werkzeuge verliehen, die wir Sinne nennen. Jeder derselben beherrscht gleichsam sein eigenthümliches Reich so, daß sich keiner in das des andern mischen kann: das Auge das Reich der Farben, das Ohr das der Töne, der Geruch das der Düfte u. s. w. Diese Werkzeuge, von den äußern Eindrücken zur Thätigkeit bestimmt, setzen unser Gemüth in einen solchen Zustand, daß es das wahrgenommene Aeußere gleichsam in sich findet, d. i. empfindet. Die dadurch erlangte Kenntniß von den Eigenschaften der Dinge nennt man die Erfahrung oder empirische Erkenntniß (von εμπειρω), welche die Physik durch künstliche Versuche noch bereichert.

Homogen und heterogen.

§. 4. Wenn mehrere Dinge Eigenschaften mit einander gemein haben, so heißen sie in so fern gleichartig oder homogen (ὁμογενα); z. B. Eisen und Kiesel, in so fern beide Mineralien sind. In so fern sie aber von einander verschiedene Eigenschaften besitzen, werden sie ungleichartig oder heterogen (ἑτερογενα) genannt; als Eisen und Kiesel, in so fern jenes Metall, dieser Stein ist. Merkwürdig ist, daß Dinge, nur in so fern sie gleichartig sind, verglichen, d. i. gleichgesetzt werden können (z. E. das Gold mit dem Eisen, in so fern beide Metalle, die Linde mit der Eiche, in so fern beide Bäume sind ꝛc.); in so fern sie dagegen ungleichartig sind, lassen sie sich nicht vergleichen, sondern unterscheiden.

b) Quantität.

§. 5. Alle Eigenschaften aber müssen quantitativ seyn, wenn sie erkannt werden sollen. Denn wenn wir sehen, daß ein Stein hart ist, so muß er ein gewisses Quantum Härte, wenn wir fühlen, daß er schwer ist, so muß er ein gewisses Quantum Schwere ꝛc. haben. Es ist daher die Quantität eine allgemein nothwendige Eigenschaft der Dinge. Hierbei ist merkwürdig,

a) daß wir uns jedes Quantum als ausgedehnt vorstellen müssen;

b) daß wir das Quantum jeder Art größer und geringer denken können, ohne die Vorstellung des Gegenstandes selbst aufzuheben; z. B. wenn wir den Stein schwerer und leichter denken, so bleibt doch die Vorstellung des Steins als solchen unverändert.

Daraus erkennen wir, daß das Denken der Quantität einem freien Vermögen unseres Geistes angehört, welches der Verstand ist.

Positiv und negativ.

§. 6. Wenn wir nun für jedes Quantum die Ausdehnung im Raume, die Linie (Fig. 1.) zum Bilde wählen und in derselben einen gewissen Grenzpunkt annehmen, so können wir uns die Zunahme und Abnahme nach zwei sich entgegengesetzten Richtungen denken, von welchen die eine positiv oder bejahend genannt und mit + (plus) bezeichnet wird, die andere mit — (minus) bezeichnet, negativ oder verneinend heißt. Dieser Umstand erzeugt in unserem Gemüthe von jeder quantitativen Vorstellung zwei sich entgegengesetzte Arten, als:

positive (+)	negative (—)
rechts	links
hoch (Höhe)	tief (Tiefe)
warm (Wärme)	kalt (Kälte)
stark (Stärke)	schwach (Schwäche)
hell (Licht)	finster (Finsterniß)
reich (Vermögen)	schuldig (Schulden)

u. s. w.

Grenzen. Größe.

§. 7. Haben wir einen Punkt a (Fig. 2.), in welchem sich das Positive von dem Negativen abscheidet, festgesetzt, und wir wollen von jenem oder von diesem ein bestimmtes Quantum denken, so müssen wir noch einen andern Punkt b oder c annehmen, wodurch es von dem, was über b oder c hinaus liegt, abgesondert wird. Die Punkte, zwischen welchen ein Quantum gedacht wird, heißen die Grenzen (fines, ὅροι), und das zwischen ihnen liegende Quantum eine Größe (μεγεθος, αριθμος), welche, wenn sie von dem positiven Quantum genommen ist, wie ab, positive, und von dem negativen Quantum, negative Größe genannt wird. So ist ein zwischen 2 Grenzen gedachter Raum (z. E. ein Fuß,) eine Raumgröße, eine zwischen 2 Grenzen gedachte Zeit (als eine Stunde), eine Zeitgröße, ein Ton (c, d, ꝛc.) eine Tongröße u. s. w. Da nun im allgemeinen jede quantitative Vorstellung eine Ausdehnung ist (§. 5. a.), so ist überhaupt eine Größe eine zwischen Grenzen gedachte Ausdehnung.

Anmerk. Hier muß man einen nothwendigen Unterschied machen zwischen den Begriffen: eine Größe seyn und Größe haben oder groß seyn. Jenes Wort bedeutet eine bestimmte begrenzte Ausdehnung und hat einen Plural, die Größen; dieses, blos im Singular gebräuchlich, heißt unbestimmt blos quantitativ seyn.

Gleich und ungleich.

§. 8. Wenn nun Größen, wie (Fig. 3.) ab und cd eine und ebendieselbe Ausdehnung oder Größe haben, so nennt man sie gleich (aequalia, ἴσα) und bezeichnet sie mit = (als ab = cd), wo mithin in so fern die eine anstatt der andern gesetzt werden kann. Es heißt daher diese Beschaffenheit ihre Gleichheit (aequalitas) und die gleichgesetzten Größen eine Gleichung (aequatio). Haben aber Größen, als ab und ce verschiedene Ausdehnung oder Größe, so heißen sie ungleich (inaequalia, ἄνισα), und diese Beschaffenheit die Ungleichheit (inaequalitas), welche mit Z bezeichnet wird (als ab Z ce). Diese Größen geben natürlich keine Gleichung, sondern lassen blos eine Vergleichung (comparatio) zu, in so fern sie gleichartig sind (§. 4.)

Stetig und unstetig.

§. 9. Zwei Dinge kann der menschliche Verstand nicht zugleich denken, sondern er denkt sie nach einander; so auch die Grenzen einer Größe a und b. Er muß daher in den Gedanken von a zu b übergehen und bei diesem Uebergange alle Theilchen durchlaufen, welche zwischen den Grenzen a und b ununterbrochen an einander gedacht werden können. In so fern nun eine Größe innerhalb ihrer Grenzen ununterbrochen zusammenhängend gedacht wird, nennt man sie stetig (quantum continuum); in so fern man sie aber durch die Grenzen von dem, was über diese hinaus liegt, abgeschieden denkt, unstetig oder discret (quantum discretum). So sind z. B. Raum, Zeit ꝛc. stetig; aber ein Fuß, eine Stunde ꝛc. discrete Größen.

Endlich und unendlich.

§. 10. Alles was Grenzen hat, nennt man endlich (finitum), und in so fern ist jede Größe als ein begrenztes Quantum endlich. Aber das Denken der Grenzen (die Begrenzung) setzt voraus, daß noch etwas Gleichartiges über den Grenzen hinaus liegt; denn wäre dieß nicht, so wäre keine Begrenzung nöthig. (Z. E. die Punkte [Fig. 2.] c und b grenzen den dazwischen liegenden Raum cb von dem ab, der über den Grenzen c und b hinaus liegt). Da nun innerhalb und außerhalb der Grenzen gleichartiges Quantum (hier Raum) liegt und in demselben unendlich viele Punkte (Grenzen) gedacht werden können, so leuchtet ein, daß jedes gleichartige Quantum nach innen und nach außen in unendlich vielen Punkten begrenzt werden kann, welches man unendliche Begrenzbarkeit nennt. Daraus folgt, daß sich jede Größe ins unendliche größer und kleiner denken läßt, und erklärt sich, daß uns der Raum und die Zeit unendlich erscheinen. Denn jede Raum- oder Zeitgröße, die wir denken, erfordert, daß wir uns über ihren Grenzen hinaus noch

Raum oder Zeit denken. (Grenzenlosigkeit des Weltalls, Ewigkeit).

Zeit und Raum.

§. 11. Bei der Betrachtung der Dinge der Natur bemerken wir aber nicht bloß, daß sie da sind, sondern auch daß mit ihnen etwas geschieht, namentlich, daß sie sich bewegen und wirken. Um beides zu erkennen, besitzt der menschliche Verstand ursprünglich zwei Grundvorstellungen: Zeit und Raum, ohne welche ihm keine Vorstellungen von den Dingen möglich sind. Denn wir können uns keinen Körper denken, außer im Raume ausgedehnt, und keine Ausdehnung (Größe) ohne Zeit. Desgleichen kann auch nichts geschehen ohne Zeit. Da nun kein Körper ohne Raum denkbar ist, so leuchtet ein, daß alles, was mit dem Körper geschieht (Bewegung und Wirkung) nicht ohne Zeit und Raum gedacht werden kann. Hieraus erkennen wir, daß

a) die Zeit die nothwendige Bedingung des Denkens jeder Größe überhaupt;

b) der Raum die nothwendige Bedingung des Denkens jedes Körpers;

c) beide zusammen nothwendige Bedingungen des Denkens seiner Bewegung seyn müssen.

Reine Größe.

§. 12. Schon daraus, daß wir eine Linie, einen Kreis 2c. nach Willkühr größer oder kleiner denken und auf alle Gegenstände übertragen können, (z. E. eine Linie bis zum Monde, einen Kreis um die Erde 2c.), sehen wir, daß die Vorstellung der Größe in unserer Willkühr steht; und nicht aus der Erfahrung kommt (wie Baum, grün ꝛc.), sondern schon vorher in unserm Verstande vorhanden ist, um dadurch Erfahrungen zu machen. Solche Vorstellungen, welche wir nicht erst aus der Erfahrung erhalten, sondern schon vor der Erfahrung in uns liegen, nennt man reine. Denkt man daher eine Größe von jedem sinnlichen Gegenstande unabhängig, so heißt sie reine Größe (q. purum). Da aber auch die Begriffe Zeit und Raum, gleichsam die Formen, in welchen wir Gegenstände als Größen denken, nicht aus der Erfahrung genommen werden, so heißen sie die reinen Formen der Größe.

Anmerk. Daß die Vorstellung der Größe ursprünglich in unserm Gemüth liegt, erkennen wir auch daraus, daß wir sie auf alle nichtsinnliche Begriffe anwenden können. Wir sagen z. B. die Größe der Macht, der Liebe, des Verstandes, des Scharfsinns und dergl.

Mathematik.

§. 13. Unser Denken besteht nun theils in der Vergleichung, theils in der Verbindung gewisser Vorstellungen zu Begriffen und Urtheilen, durch welche wir gewisse Wahrheiten gewinnen. Vergleichen und verbinden wir daher reine Größen nach einer bestimmten Ordnung, so ergiebt sich ein unendlicher Reichthum unter sich zusammenhängender reiner Wahrheiten, deren Inbegriff eine eigene Wissenschaft ausmacht, welche man Mathesis (μαθησις) oder gewöhnlicher Mathematik (μαθηματικη, mathematica) nennt. Wenn aber die Sätze einer Wissenschaft in ihre natürliche und nothwendige Ordnung gestellt sind oder werden, so nennt man sie systematisch und den Inbegriff derselben ein System. Da nun dieß bei der Mathematik geschehen kann, so ist sie in so fern eine systematische Wissenschaft.

Anmerk. Der griechische Name Mathematik (von μανθανω, ich erkenne, lerne durch Erkennen,) bedeutet eigentlich die Hinleitung zu reinen, d. i. nicht aus der Erfahrung geschöpften Erkenntnissen. Da sich nun die Griechen dazu der Wissenschaft der Größen bedienten, so bekam diese jenen Namen vorzugsweise. Sie brauchen dafür vier Wörter: 1) μαθησις, das Erkennen reiner Wahrheiten durch eigene Selbstthätigkeit des Geistes; 2) μαθηματικη sc. τεχνη, die Kunst, die reinen Erkenntnisse in sich selbst zu finden, oder in andern zu erwecken; 3) τα μαθηματα, reine Wissenschaften, als Arithmetik, Geometrie rc.; 4) τα μαθηματικα, einzelne Lehren oder Wahrheiten derselben.

Reine Mathematik.

§. 14. Da aber die Größen nur mittelst jener reinen Grundvorstellungen, der Zeit und des Raumes, oder beider zugleich, betrachtet werden können (§. 11.), so zerfällt unsere Wissenschaft in drei Haupttheile, von welchen

I. der erste von den reinen Größen an sich handelt und Arithmetik (αριθμητικη) heißt;

II. der zweite von den Größen des Raums, Geometrie (γεωμετρια) genannt;

III. der dritte von den Größen der Zeit und des Raums in ihrer Beziehung, oder von den Gesetzen der Bewegung, welche man Phoronomie (φορονομια) nennt.

Da nun die Vorstellungen Zeit und Raum ursprünglich in unserm Gemüthe, mithin reine Vorstellungen sind (§. 12.), so ist auch jeder dieser Haupttheile eine reine Wissenschaft, und man nennt sie zusammen reine Mathematik (math. pura). Jeder derseben enthält allgemeine Wahrheiten seiner Art; jedoch ist der erste in Rücksicht der andern allgemeinerer Natur, und kann in so fern allgemeine Mathematik genannt werden.

Anmerk. 1) Αριθμητικη sc. τεχνη (von αριθμος, die Größe, die Zahl) heißt Größen- und Zahlenlehre von Pythagoras so genannt; 2) γεωμετρια (von ἡ γη, die Erde, das Land, und μετρειν, messen), Feldmeßkunst, weil sie in ihrem Mutterlande Egypten ihren Anfang davon genommen hat; 3) Φορονομια (von Φορεω ich trage und νομος das Gesetz) bedeutet die Wissenschaft, welche von den Gesezen handelt, nach welchen die Körper durch den Raum getragen, d. i. bewegt werden.

Angewandte Mathmatik.

§. 15. In so fern nun alle Dinge der Natur mittelst der Grundvorstellungen, Zeit und Raum, erkannt werden, sind sie der Mathematik nothwendig unterworfen. Ihre Wahrheiten lassen sich daher in dieser Hinsicht auf sie anwenden, und nicht nur alle Kenntnisse, welche wir in so fern von ihnen erlangen, sondern auch alle Regeln, nach welchen wir sie gebrauchen und unsere Geschäfte an und mit ihnen verrichten (§. 1.), mithin alle Künste sind in so weit nur durch sie möglich. Sie hat daher eine überaus große und allenthalben verbreitete Herrschaft. Die vornehmsten dieser Kenntnisse und Künste, welche mit den Verhältnissen unseres Lebens in so wichtigem Zusammenhange stehen, sind: die Rechenkunst, niedere und höhere (Algebra), die Zeitrechnung (Chronologie), die Feldmeßkunst (Geodäsie), die Erdbeschreibung (Geographie), die Optik, die Perspective, die Gnomonik, die

Statik (fester und flüssiger Körper oder (Hydrostatik), Mechanik, die Baukunst, (bürgerliche, Schiffs-, Mühlen-, Wasser-, Brücken-, Straßen-, Festungsbaukunst (Fortification), Artillerie, Astronomie und andere; ja alle Handwerke gehören mehr oder weniger dazu. Die hier genannten kann man, jede für sich, als eigene Wissenschaften ansehen, welche zusammen, in so fern sich ihre Lehren auf die Mathematik gründen, angewandte Mathematik (math. applicata), oder auch gemischte (math. mixta) genannt werden, aber eigentlich Theile der Physik (§. 1.) sind. Auch theilt man die Mathematik in die niedere und höhere, welches aber nichts anders heißt, als in die leichtere und schwerere; endlich auch in die wissenschaftliche und praktische (technische).

Evidenz.

§. 16. Da wir nun aus dieser Betrachtung erkannt haben, daß die Mathematik eine systematische Wissenschaft allgemeiner Wahrheiten ist, welche die Vergleichung und Verbindung reiner Größen darbietet, so sind

a) diese Wahrheiten, weil sie rein (von der Erfahrung unabhängig) sind, Erzeugnisse unseres freien selbstthätigen Denkvermögens, und ihre Gewißheit beruht nicht auf äußern Thatsachen, sondern liegt in ihnen selbst (z. E. 2mal $3 = 6$). Da aber alle Größen im Raume, d. i. als Linien dem Auge dargelegt werden können, so vereinigt sich mit jenem Vorzuge auch der, daß die Wahrheiten der Mathematik demonstrirt werden können. Dieses nennt man Evidenz (von evidere) und daher die Wahrheiten selbst evident.

Heuristik der Mathematik.

§. 17. b) Wegen des systematischen Zusammenhangs aber müssen die Wahrheiten der Mathematik so unter sich verbunden seyn, daß eine aus der andern folgt, und daß die Gewißheit des folgenden auf der Gewißheit seines Vordersatzes beruht. Wenn wir nun mathematische Wahrheiten bis auf ihren Grund verfolgen, welches Verfahren man regressiv (analytisch) nennt, so müssen sie auf einem allgemeinen Satze beruhen, welchen man deshalb den Grundsatz oder Axiom (ἀξίωμα) nennt, der seine Gewißheit in sich selbst hat und von jedem denkenden Menschen anerkannt wird, (z. E. zwei Grössen sind einander entweder gleich oder ungleich), u. dgl. Hat man einen solchen Grundsatz gefunden und man verbindet ihn mit einem andern allgemein anerkannten, so folgt daraus ein neuer Satz: (Z. E. wenn zwei Grössen einander entweder gleich oder ungleich, und zwei Theile einer Grösse auch zwei Grössen sind, so sind die Theile einander entweder gleich oder ungleich). Wenn man auf diese Weise immer die rechten Wahrheiten, welche in so fern Vordersätze (antecedentes) oder Prämissen (praemissae) heißen, verbindet, und die sich ergebende Wahrheit richtig daraus ableitet, welche in so fern der Schlußsatz oder die Folge (consequens) heißt; so ergeben sich die Wahrheiten der Mathematik nach der Reihe von selbst. Dieses Verfahren, in so fern man eine Wahrheit nach der andern, gleichsam fortschreitend, erzeugt, nennt man progressiv (synthetisch), in so fern man aber dadurch immer neue Wahrheiten findet, Heuristik (von εὑρίσκω, ich finde), oder heuristische, selbstfindende Methode. Die abgeleiteten und so dargelegten Wahrheiten heißen Lehrsätze oder Theoreme (θεωρήματα).

Nutzen derselben.

§. 18. Diese selbstfindende Entwickelung der Mathematik gewährt einen eben so wichtigen, als vielfachen Nutzen:

a) Sie leitet unsern Geist von der Erscheinung zur Wahrheit und ist ihm eine beständige Aufforderung zum Selbstdenken;

b) sie ist eine stete Uebung unseres Denkvermögens nach den natürlichen Gesetzen seiner Thätigkeit, — eine Gymnastik des Verstandes und der Urtheilskraft;

c) sie verleiht unserm Geiste Ordnung, Gründlichkeit, Consequenz und Strenge im Denken, Forschen und Beweisen; rüstet unsern Verstand mit Kraft, unser Urtheil mit Schärfe, und gewöhnt uns an Ausdauer in schwierigen Untersuchungen;

d) sie weckt und nährt in unserm Gemüthe die Liebe zur Wahrheit, mit welcher die Liebe zum Guten in unzertrennlicher Verbindung steht, und pflanzt in uns die Gewohnheit eines selbstständigen Strebens nach ihr;

e) sie schützt daher vor Irrthum und Schwärmerei, vor Vorurtheil und blindem Ergreifen fremder Meinung, und vor thörichtem Eigendünkel;

f) sie läßt uns die Einrichtungen und Wirkungen der Werkzeuge, womit wir unsere Geschäfte verrichten, und der Maschinen, welchen wir sehr viele Bequemlichkeiten und Vortheile verdanken, erkennen, und zeigt uns die erhabene Kunst, Erde und Himmel zu ermessen;

g) sie schließt die wundervollen und ewigen Gesetze der Natur in ihrer schönen Harmonie unserer Erkenntniß auf, und erleuchtet uns die Wege, auf welchen wir sie erforschen können.

h) Endlich erquickt sie ihre wahren Verehrer mit einer Fülle der würdigsten Freuden, welche dem menschlichen Gemüthe lichtvolle Einsicht und der Besitz unwidersprechlicher Wahrheit gewährt; verleiht ihm die herrliche Gabe, in jedem Gebiete seines Forschens mit Ordnung, Licht und Kraft zu wandeln, und ist ihm gleichsam eine schützende Genie seines geistigen Lebens.

Geschichte der Mathematik.

§. 19. Diese wichtigen Zwecke hatten die Väter unserer Wissenschaft, die ehrwürdigen Weisen des alten Griechenlands, vorzüglich der göttliche Platon und seinne Schüler, bei ihrem Unterrichte darinne vor Augen, und indem sie die Mathematik, ihrer Natur gemäß, als eine Vorübung zu abstracten Denken und Forschen, mithin als Propädeutik ihrer Philosophie benutzten, bildeten sie sich durch sie zu so besonnenen Denkern, daß wir sie noch bewundern.

Ihr Ursprung liegt in dem Dunkel der Geschichte des Alterthums. In unvollkommenen Zustande wurden einige ihrer Wahrheiten von Thales (600 v. Ch. G.) aus ihrem Mutterlande Egypten nach Kleinasien verpflanzt und von Pythagoras (550 v. Ch. Geb.) und seinen Schülern zu einem interessanten Agregate erweitert. Dieses, von Anaxagoras (450 v. Ch. G.) nach Athen, dem Hauptsitze aller Wissenschaften des Alterthums, gebracht, erhielt hauptsächlich durch Platons Schule (400 v. Ch. Geb.) eine wissenschaftliche Gestalt und eine bedeutende Vollkommenheit. Mit der Academie aber erlosch allmählich ihr hehrer Geist und ihre würdigere Behandlungsweise. — Ein Jahrhundert später sehen wir die auf griechischen Boden erzeugten Zweige der Wissenschaft nach Alexandrien verpflanzt, wo

Euclides (300 v. Ch.) sich das unsterbliche Verdienst erwirbt, jene Wahrheiten mit unübertrefflichem Scharfsinne zusammen zu stellen und sie in seinen Elementen, wie in ein Archiv für die Nachwelt nieder zu legen. — Im folgenden Jahrhunderte zieht noch Archimedes in Syrakus (200 v. Ch.), sowohl durch seine schönen und wichtigen Erfindungen, als auch durch die merkwürdige Vertheidigung seiner Vaterstadt unsere Aufmerksamkeit eben so sehr, als die Bewunderung seiner Zeitgenossen auf sich; aber mit ihm scheint der Geist für unsere Wissenschaft allmählig erloschen, so daß wir in den folgenden Jahrhunderten nur noch einzelne Schatten von ihr übrig sehen.

§. 20. Aber der Name Mathematik wird nach und nach auch auf andere Disciplinen übergetragen und weicht von seiner ursprünglichen Bedeutung so weit ab, daß wir in den ersten Jahrhunderten christliche Zeitrechnung mit dem Namen Mathematiker blos Sterndeuter, Nativitätsteller, Zauberer u. dergl. bezeichnet sehen, welche als dem Staate gefährlich mit Strafen belegt, verfolgt und durch Gesetze verbannt; später aber von den Christen, mit deren Lehren die ihrigen nicht übereinstimmten, verachtet werden. Das lange Zeitalter von Roms Weltherrschaft scheint für unsere, nur bei besonnener Ruhe gedeihenden, Wissenschaft fast ganz unfruchtbar geblieben zu seyn. Durch die dunkeln Jahrhunderte des Mittelalters finden wir unter dem Namen Mathematik blos eine unvollkommene Rechen- und Meßkunst von den Arabern und der christlichen Geistlichkeit erhalten und fortgepflanzt. — Nach der Wiederherstellung des wissenschaftlichen Geistes in Italien und Deutschland aber lebte dieser auch in unserer Wirthschaft allmählig wieder auf, und wir sehen sie in den letzten drei Jahrhunderten durch den Scharfsinn und Fleiß eines Regiomontanus, Petr. Ramus, Stifel, Neper, Brigg, Galiläi, Vieta, Descartes, Paskal, J. Wallis, Newton, Leibnitz, Euler, d'Alembert, de la Grange, Vega, Hindenburg, Carnot, Gaus und vieler anderer bis zu einer sehr großen Vollkommenheit ausgebildet.

Erster Theil.

Die
Arithmetik.

Erster Lehrgang.

Die Arithmetik.

Von dem Denken der Größen, Zahlen und Verhältnisse.

Erster Abschnitt.

Von den Größen.

Einleitung.

§. 21. Die Arithmetik hat die Vorstellung und das Denken der reinen Größen an sich zum Gegenstande (§. 14.). Ihre Betrachtung, welche mit der Vergleichung derselben beginnen muß, bietet eine Reihe allgemeiner Wahrheiten dar, deren Inbegriff die allgemeine Arithmetik ausmacht und Größenlehre heißt. — Aber auch die Verbindung, in welche die Größen gesetzt werden können, hat ihre Gesetze, welche für die Untersuchung und Entwickelung der Wahrheiten der Mathematik von mannigfachem Einflusse sind, und deren Darstellung Combinationslehre (ars combinatoria) oder Syntaktik (συνταξις) genennt wird. Es handelt daher dieser Abschnitt von zwei Gegenständen:

A) Von dem Denken der reinen Größen an sich (Größenlehre).

B) Von den Gesetzen der Verbindung der Größen (Combinationslehre).

A. Von dem Denken der reinen Größen an sich, (Größenlehre).

1.

Eine Größe, und mehrere in Vergleichung.

§. 22. Denken wir zuerst a) eine Größe für sich allein (als Fig. 4. a, b, c, ꝛc.), so ist sie weder groß noch klein; wir können weiter nichts von ihr behaupten, als daß sie eine Größe ist und, mit keiner andern verglichen, auch keiner andern gleich oder ungleich seyn kann. Man pflegt daher zu sagen: sie ist sich selbst gleich ($a = a$, $b = b$, $c = c$), und nennt dieß den Satz der Identität (Einerleiheit). Z. E. 1 Fuß ist = 1 Fuß; 1 ℔ = 1 ℔ u. dergl.

b) Vergleichen wir aber zwei Größen, a und b, oder a und c, welche, da jede Vergleichung Gleichartigkeit fordert (§. 4.), gleichartig seyn müssen, so können sie entweder einander gleich (als $a = b$), oder einander ungleich ($a \gtrless c$), d. h. die eine größer ($b > c$), die andere kleiner ($c < b$) seyn. Ein dritter Fall ist nicht möglich; daher dieser Satz der Satz des ausgeschlossenen dritten heißt.

c) Nehmen wir mehr als 2 Größen, 3, 4, 5 . . . überhaupt eine unbestimmte Anzahl, welche wir mit einem allgemeinen Zeichen n (numerus) bezeichnen wollen, so kann die Vergleichung derselben nur so geschehen, daß immer nur je zwei auf einmal verglichen werden (§. 9.), wo mithin wieder das vorige Gesetz statt finden muß. Es ist daher das Resultat dieser Betrachtung, daß

eine Größe . . .
mehrere Größen . . .

Anmerk. Es ist hieraus an sich klar, daß wenn (Fig. 5.)

1) $a = b$ und $c = b$, auch $a = c$; desgleichen $a = d$, $b = d$, $c = d$, $a = b = c$,

d. h. wenn zwei (oder mehrere) Größen einer dritten, (4ten 5ten ꝛc.) gleich sind, so sind sie . . .

2) im Gegentheile, wenn $a \gtrless b$, $c = b$, so ist $a \gtrless c$; und $a \gtrless d$, $b = d$, $c = d$, $a \gtrless b \gtrless c$

d. h. wenn von zwei (oder mehrern) Größen eine der dritten (4ten, 5ten ꝛc.) ungleich ist, so sind . . .

Ganzes und Theil.

§. 23. Sind nun Größen einander gleich (Fig. 4. $a = b$), so können sie, weil sie rein gedacht sind, für einander gesetzt werden (wie 16 Gr. statt eines Guldens), welches nicht geschehen kann, wenn sie einander ungleich sind (12 Gr. nicht statt eines Guldens). Da aber reine Größen eben dadurch, daß sie rein sind, auch gleichartig (§. 22. b.) sind, so läßt sich bei ungleichen Größen die kleinere (Fig. 6. b) in der größern a enthalten denken. In so fern wird die größere das Ganze, die kleinere der Theil genennt. Umgekehrt gehen daraus die mathematischen Wahrheiten hervor:

a) daß das Ganze größer ist, als . . .

b) „ der Theil kleiner „ „ . . .

Ganzes und Theil durch einander bedingt.

§. 24. Hieraus ist klar, daß das Größere a, als Ganzes, nur in Rücksicht des Theils b, und das Kleinere b, als Theil, nur in Rücksicht des Ganzen a erkannt werden kann; mithin sind die Begriffe des Ganzen und Theils durch einander bedingt, wie die Begriffe groß und klein selbst. — Beobachten wir die Thätigkeit unseres Verstandes dabei, so bemerken wir, daß, wenn wir

a) einen Theil b vom Ganzen a denken, wir einen andern Theil d, als Rest davon ausgeschlossen, abgesondert denken müssen. Diese Absonderung nennt man Subtrahiren (Subtractio, ἀφαίρεσις), und bezeichnet sie mit — d. h. weniger (minus), z. B. (Fig. 6.) b = a — d, d = a — b, 5 = 9 — 4, 4 = 9 — 5. Derjenige Theil, welchen man absondert oder abzieht, b heißt der Subtrahend (num. subtrahend.), die Größe aber, von welcher man abzieht, a der Minuend (num. minuendus), und der übrigbleibende Theil d, der Rest oder die Differenz (n. differens).

b) Wenn wir a als Ganzes denken, so müssen wir die Theile b und d wieder zusammensetzen, welche Operation man mit +, d. i. mehr (plus) bezeichnet und Addiren (additio, σύνθεσις) nennt; z. E. (Fig. 6.) a = b + d, 9 = 5 + 4. — Die Theile, welche zusammen das Ganze ausmachen, nennt man partes efficientes (sc. totum), auch Posten; das Ganze aber Summe oder Aggregat.

Will man sich aber einen Theil vom Ganzen denken, so setzt dieses schon voraus, daß das Ganze aus Theilen zusammen gesetzt ist, mithin setzt die Subtraction schon die Addition voraus. Sie sind einander entgegen gesetzt und lösen einander auf.

Diese hier einzeln dargelegten Wahrheiten lassen sich nun, weil sie allgemein sind, in einen allgemeinen Satz fassen, nämlich

ein Ganzes ist gleich . . .
und die Theile zusammen . . .

Anmerk. 1. Da diese Operationen in Vergleichung der Größen bestehen (§. 22.), die Vergleichung aber nur bei gleichartigen Dingen statt finden kann (§. 4.), so folgt, daß . . .

Anmerk. 2. Die Addition, wie auch die Subtraction entspricht allen Arten von Größenvorstellungen, sowohl der Länge, nach welcher wir auch die Zeit denken, als auch der Fläche, als auch dem Körperraume, in so fern sie als solche als Ganze und Theile gedacht werden.

Anmerk. 3. Wenn ein allgemeiner Satz mit allgemeinen Zeichen ausgedrückt wird, als $a = b + d$, $b = a - d$, so nennt man dieß eine Formel, und wird die dadurch angedeutete Wahrheit in Worten ausgesprochen, eine Wortformel.

Addition und Subtraction.

§. 25. Aus diesen Wahrheiten fließen die Regeln für die Addition und Subtraction in der Rechenkunst.

a) Soll man Größen addiren, $b + d$; $5 + 4$, so muß man . . .

b) Soll man Größen subtrahiren, $a - b$, $9 - 5$, so muß man . . .

Diese Operation besteht blos in einer Theilung (partitio) der Größen, nicht in einer Eintheilung (divisio). S. §. 31.

Anm. Für die Bezeichnung der Größen überhaupt hat man die kleinen lateinischen Buchstaben gewählt, und daher wird die Rechnung mit allgemeinen Größen Buchstabenrechnung (algorithmus speciosus) genannt.

Differenzbeziehung (gewöhnl. arithmetisches Verhältniß.)

§. 26. Da die Begriffe des Ganzen und des Theils durch einander bedingt sind (§. 24.), so leuchtet ein, daß wir das Ganze a (Fig. 6.) und den Theil b nur mittelst ihrer Beziehung auf einander und durch das Bewußtwerden des Unterschiedes d erkennen ($a = b + d$, $b = a - d$). Diese Beziehung, welche in Subtraction besteht und am bequemsten mit ÷ (als a ÷ b) bezeichnet wird, nennt man gewöhnlich (wiewohl in doppelter Hinsicht unschicklich) arithmetisches Verhältniß (ratio arithmetica), besser Differenzbeziehung. Die auf einander bezogenen Größen a ÷ b heißen in so fern die Glieder (termini, ὅροι). Durch diese Beziehung wird aber blos so viel möglich, daß wir die Größen als Ganze und Theile erkennen, nicht aber welchen Werth sie gegen einander haben, d. i. in welchem Verhältnisse sie gegen einander stehen, welches noch unbestimmt bleibt.

Anmerk. Ein Theil, der durch Subtraction erkannt wird, heißt in so fern ein aliquanter Theil (pars aliquanta), z. B. b und d von a, 4 und 5 von 9.

Gleiches mit Gleichem addirt und subtrahirt.

§. 27. Wenden wir die beiden Operationen, die Addition und Subtraction, auf gleiche Größen an, als $a = b + d$, $9 = 4 + 5$, $b = a - d$ ꝛc., welche gleichgesetzten man eine Gleichung nennt (§. 8.), und wir addiren oder subtrahiren auf beiden Seiten eine und dieselbe oder verschiedene Größen, so ergeben sich für beide Operationen zwei Hauptwahrheiten:

1) z. B. $9 = 5 + 4$ allgem. $a = b + d$
addirt $+ 5 = 5$ addirt $c = c$

$9 + 5 = 5 + 4 + 5 = 14.$ $a + c = b + c + d$
d. i. Gleiches zu Gleichem addirt giebt ...

2) $9 = 5 + 4$ allgem. $a = b + d$
subtr. $5 = 5$ subtr. $d = d$

$9 - 5 = 4$ $a - d = b$
d. i. Gleiches von Gleichem subtrahirt giebt ...

Hieraus folgt, daß Gleiches mit Ungleichem addirt und subtrahirt, ...

2.

Größe (Einheit) als Maaß und Vielfaches derselben (Zahl).

§. 28. Der Zweck alles Denkens der Größen aber ist, ihren Werth zu erkennen. Da nun eine Größe an sich weder groß noch klein ist, sondern erst durch die Vergleichung mit einer andern als groß oder klein erkannt wird (§. 22. b), so hat auch jede Größe an sich keinen bestimmten Werth, sondern dieser muß erst durch die Vergleichung mit einer andern bestimmt werden, welche ein Theil von jener ist (§. 23.), und deren Werth als bekannt angenommen wird. Jede Größe aber, weil sie eine ist (§ 22. a), ist $= 1$; sie wird darum die Einheit (unitas, μονας) genannt, und in so fern man sie nicht auf eine andere bezieht, absolute Einheit. Wollen wir nun den Werth einer Größe a (Fig. 7.) mittelst eines solchen als Einheit angenommenen Theils m bestimmen, so müssen wir untersuchen, wievielmal dieser in jener enthalten ist, oder wievielmal m aneinander gedacht werden muß, um a auszumachen. Diese Untersuchung nennt man messen und die Größe m, womit sie geschieht, das Maaß (mensura, μετρον). Dadurch aber, daß wir erkennen, wievielmal das Maaß m als Einheit in der Größe a enthalten ist, erkennen wir ihren Werth als Vielfachen der Einheit, d. i. als Zahl (αριθμος), der Zusammensetzung einer Menge Einheiten). Ist nun die Größe ein zweifaches von der Einheit, so erkennen wir ihren Werth durch die Zahl 2; ist sie das 3fache davon, durch die Zahl 3, u. s. f. So kommen wir zum Bewußtseyn der Zahlen 1, 2, 3, 4, 5, 6, 7, 8, 9, 10 rc. Es ist mithin allgemein eine Zahl n das n-fache ihrer Einheit. Um also den Werth einer Größe zu erkennen, müssen wir ....

Gemeinschaftliches Maaß.

§. 29. Wollen wir nun die Werthe zweier Größen in ihrer gegenseitigen Bestimmung erkennen, so erfordert die Natur unseres Erkenntnißvermögens, daß wir beide als Zahlen einer und ebenderselben Einheit denken. Wir müssen daher eine dritte Größe als Maaß suchen, welche beide mißt, mithin ein gemeinschaftliches Maaß (κοινον μετρον, mensura communis,) für beide ist. Um aber dieses gemeinschaftliche Maaß zu finden, so müssen wir die Größen mit einander vergleichen. Man sieht nämlich, ob die eine b (Fig. 8.) ein oder mehrmal in a ohne Rest enthalten ist. Ist dieses der Fall, so ist b selbst das gemeinschaftliche Maaß für a und b; bleibt aber ein Rest c, so nimmt man diesen wieder und vergleicht damit sowohl a als b. Bleibt hier kein Rest, so ist c das gemeinschaftliche Maaß für beide Größen, bleibt aber ein Rest m, so vergleicht man mit diesem wieder sowohl a als b. Mißt dann m mehrmals wiederholt beide Größen ohne Rest (wie Fig. 8.), so ist m das gemeinschaftliche Maaß; bliebe aber wieder ein Rest r, so müßte man mit diesem wieder beide Größen vergleichen u. s. fort, bis entweder kein Rest bliebe, oder dieser so unbedeutend würde, daß man ihn nicht zu achten brauchte. Hat man für 3 Größen das gemeinschaftliche Maaß zu suchen, so sucht man es erst für zwei und dann für die dritte u. s. f. — Wollte man das gefundene gemeinschaftliche Maaß in gleiche Theile theilen, so würde ein solcher Theil ebenfalls ein gemeinschaftliches Maaß für beide Größen, aber ein kleineres. Daher nennt man das zuerst auf diese Weise gefundene das größte gemeinschaftliche Maas (mens. comm. maxima). Z. E. von 12 und 18 sind 1, 2, 3 auch gemeinschaftliche Maaße, aber 6 ist das größte.

Commensurabel und incommensurabel.

§. 30. Aus dieser Betrachtung leuchtet ein, daß bei Untersuchung des gemeinschaftlichen Maaßes zweier Größen zwei Fälle statt finden können:

a) entweder man findet diejenige Größe, welche die beiden andern a und b vollkommen mißt (das gemeinschaftliche Maaß, wie m in Fig. 8.); dann heißen sie commensurabel (μεγεθη συμμετρα), wo ihre Werthe als Zahlen vollkommen erkannt und ausgesprochen werden können (αριθμοι ρητοι);

b) oder man findet bei fortgesetzter Untersuchung nie ein gemeinschaftliches Maaß für sie, wo sie dann incommensurabel (μεγεθη ασυμμετρα) genennt werden. Dann können ihre Werthe, denen man sich blos nähern kann, in Zahlen nicht vollkommen erkannt, noch ausgesprochen werden (αριθμοι αρρητοι). — Daß es solche giebt, liegt in der unendlichen Theilbarkeit der Größen. Denn so klein auch das Maaß seyn mag, so könnte doch der Rest noch kleiner seyn. (§. 10.)

Multiplication und Division.

§. 31. Untersuchen wir aber, wie wir den Werth einer Größe mittelst eines Maaßes, d. i. als Zahl erkennen, so findet sich, daß es auf zweierlei Art geschehen kann; nämlich:

a) entweder wir denken eine Größe a (Fig. 7.) aus einem mehrmal wiederholten Theile m zusammengesetzt, mithin als ein Vielfaches von m, wenn m in so fern das Einfache ist. Dieses Denken eines Vielfachen von einem Einfachen nennt man Vervielfachung oder Multiplication (multiplicatio, πολλαπλασιασμος) und bezeichnet es mit $\times$ oder mit einem Puncte, als 2×5 oder $2.5=10$, $a\times b$ oder ab. Diejenige Größe oder Zahl, welche vervielfacht wird, heißt Multiplicandus, die Zahl aber, welche ausspricht, wievielmal der Multiplicandus wiederholt gedacht wird, Multiplicator, welcher aber (§. 28.) nichts anders, als eine Zahl seyn kann; beide zusammen Factoren. Das Vielfache, welches dadurch erzeugt wird, nennt man das Product und pflegt es allgemein mit P zu bezeichnen; z. E. $m\times n=m.n=mn=P$.

b) oder wir denken eine Größe a nach einer andern m, als Maaß angenommen, eingetheilt, und werden uns bewußt, wievielmal diese in jener enthalten ist. Diese Eintheilung nennt man Division (divisio, μερισμος). Diejenige Größe oder Zahl a, welche eingetheilt (dividirt) wird, heißt Dividendus; diejenige, nach welcher man eintheilt m Divisor; beide zusammen ebenfalls Factoren. Die Zahl aber, welche ausspricht, wievielmal (quoties) der Divisor im Dividend enthalten ist, wird Quotient genennt, (welcher stets eine Zahl seyn muß). Die Bezeichnung dieser Operation sind 2 Puncte, als 12:4=3, a:m=q, oder Untereinandersetzen der Factoren, als: $\frac{12}{4}=3$, $\frac{m}{a}=q$.

Die Multiplication und Division stehen einander eben so entgegen und lösen einander auf, wie die Addition und Subtraction.

Anmerk. Es leuchtet ein, daß die Multiplication eigentlich nichts anders ist, als eine abgekürzte Addition, denn $4+4+4=4.3=12$; auf gleiche Weise kann man sich durch mehrmaliges Abziehen der Zahl des Quotienten bewußt werden: als von 12 läßt sich 4 3mal abziehen. Eine solche Größe oder Zahl, welche durch mehrmaliche Zusammensetzung eine andere ausmacht, wird in so fern ein aliquoter Theil (pars aliquota) genennt, im Gegensatz eines aliquanten (§. 26. a) z. E. 2, 3, 4, 6 sind aliquote Theile von 12. — Noch ist der Unterschied zwischen Theilung (partitio, τμησις) und Eintheilung (divisio, μερισμος) zu bemerken. Jene theilt auch in ungleiche, diese in gleiche Theile.

Regeln dieser Operationen.

§. 32. Aus dieser Betrachtung lassen sich nun die allgemeinen Regeln für die Multiplication und Division ableiten und bestimmen:

a) Soll man eine Größe oder Zahl mit einer Zahl multipliciren, als $3.4=12$, allg. $m.n=mn$, so muß man sie . . .

b) Soll man eine Größe oder Zahl durch eine andere dividiren, als $\frac{12}{4}=3$, $\frac{mn}{m}=n$, so muß man . . .

Anmerk. Merkwürdig ist, daß die Multiplication zweier Factoren der Berechnung des Flächenraums entspricht (wie [Fig. 9.] $3 \cdot 5 = 15$, $ab \times ac = abcd$), daher bei den Alten die Producte aus 2 Factoren, Flächenzahlen (αριθμοι επιπεδοι oder προμηκεις), eben so die Producte aus drei Factoren, dem Körperraume entsprechend, cubische Zahlen (αριθμοι στερεοι) heißen). Auf gleiche Art entspricht das Suchen einer Seite von einer Fläche der Division, welche in so fern παραβολη und einer der Factoren die Grundlinie (το εμβαδον), der andere die Seite (ἡ πλευρα) genannt werden.

Gleiches mit Gleichem multiplicirt und dividirt.

§. 33. So gewiß bei gleichen Größen, welche als solche statt einander gesetzt werden können (§. 8.), durch eine und ebendieselbe Operation ebendasselbe hervorgebracht werden muß, so folgt, daß

a) wenn man gleiche Größen mit einer Zahl multiplicirt, als

$$\begin{array}{lr} & (5+3)=8 \\ \text{multipl.} & 3=3 \\ \hline & 15+9=24 \end{array} \qquad \text{allg.} \quad \begin{array}{r} a=(b+d) \\ n=n \\ \hline an=bn+dn \end{array}$$

die Producte . . .

oder: Gleiches mit Gleichem multiplicirt, giebt . . .

c) wenn man gleiche Größen mit einer Zahl dividirt, als

$$\text{divid.} \quad \begin{array}{c} \frac{18+6}{3} = \frac{24}{3} \\ \hline =6+2=8 \end{array} \qquad \text{allgem.} \quad \begin{array}{c} \frac{an}{n} = \frac{bn+dn}{n} \\ \hline =a=b+d \end{array}$$

die Quotienten, . . .

oder: Gleiches mit Gleichem dividirt, giebt . . . .

Hieraus leuchtet ein, daß Gleiches mit Ungleichem, oder Ungleiches mit Gleichem multiplicirt oder dividirt, ...

Multiplication und Division der Summen und Differenzen.

34. Jene Regeln bezogen sich nur auf einfache Größen oder Zahlen. Aber jede derselben kann als Ganzes (Summe von Theilen), oder als Theil (Differenz vom Ganzen und dem andern Theile) angesehen werden (§ 23.) Soll daher eine Summe oder Differenz mit einer Zahl multipliciret oder dividirt werden, so müssen sich diese Operationen auf alle ihre Bestandtheile erstrecken. Diejenigen Größen oder Zahlen, welche eine Summe oder Differenz ausdrücken, pflegt man, um sie mit dem andern Factor nicht zu verwechseln, in Klammern einzuschließen.

a) Multiplication.

1) $(6+4+2)\times 3 = 6.3+4.3+2.3 = 18+12+6 = 36 = 12.3.$

allgem. $(a+b)\times c = (a+b)c = ac+bc.$

2) $(10-7)\times 5 = 10.5-7.5 = 50-35 = 15 = 3.5$

allgem. $(a-b)\times c = (a-b)c = ac-bc.$

Sollen also Summen oder Differenzen von Größen oder Zahlen mit einer Zahl multiplicirt werden, so muß man ...

b) Division.

1) $(6+4+2):3 = \frac{(6+4+2)}{3} = \frac{6}{3}+\frac{4}{3}+\frac{2}{3} = \frac{12}{3}$

allgem. $(a+b):c = \frac{(a+b)}{c} = \frac{a}{c}+\frac{b}{c}.$

2) $(10-4):2 = \frac{10-4}{2} = \frac{10}{2}-\frac{4}{2} = 5-2 = 3.$

allgem. $(a-b):c = \frac{(a-b)}{c} = \frac{a}{c}-\frac{b}{c}.$

Sollen daher Summen oder Differenzen mit einer Zahl dividirt werden, so muß man ...

Anmerk. Eine und dieselbe Zahl, welche für mehrere Größen oder Zahlen Multiplicator oder Divisor ist, nennt man einen gemeinschaftlichen Factor (f. communis). Haben mehrere Größen oder Zahlen einen solchen, so kann man ihn auch durch das Einschließen jener wieder absondern, z. E.

$(15+9)=3.5+3.3=3.(5+3)=3.8=24.$

allgem. $ac+bc+dc=(a+b+d)c.$

$\frac{15}{3}+\frac{9}{3}+\frac{6}{3}=\frac{15+9+6}{3}=(15+9+6):3.$

allgem. $\frac{a}{c}+\frac{b}{c}+\frac{d}{c}=\frac{a+b+d}{c}=(a+b+d):c.$

Coefficienten.

§. 35. Denkt man sich gewisse Größen a, b, c, d ꝛc. 1, 2, 3, 4, 5, ... nmal, als 3a, 4b, 5c ... nx (wo die Buchstaben jede beliebige Größe oder Zahl bedeuten können), so nennt man die Zahlen, welche anzeigen, wie vielmal man diese Größen denkt, Coefficienten (numeri coefficientes, weil sie zugleich mit den Größen das Facit ausmachen). Z. E. in 3a ist der Coeffic. 3, in 4b ist der Coeffic. 4, ... in nx ist der Coeffic. n. Steht eine Größe ohne Coefficienten, so muß dieser, weil sie doch eine Größe ist, = 1 seyn, als a = 1a. Da also die Coefficienten angeben, wie vielmal eine Größe gedacht ist, so folgt, daß sie allemal ...

Anmerk. Da alle Maaße, deren wir uns bei unsern Geschäften bedienen, Größen des Raums, der Zeit, des Gewichts oder überhaupt des Werths sind (als Elle, Fuß ꝛc., Stunde, Jahr ꝛc., Pfund, Loth ꝛc., Thaler, Groschen ꝛc.), so sind die Zahlen derselben ihre Coefficienten; z. E. 5 Ellen, 7 Stunden, 6 Pfund, 4 Thaler, 12 Groschen ꝛc.

Ganze Zahl und Bruch.

§. 36. Wir haben nun §. 28. und 29. gesehen, daß wenn wir die Werthe der Größen bestimmt erkennen wollen, wir sie als Zahlen denken müssen (als Fig. 8. a = 5, b = 3, c = 2 rc.), und wollen wir ihre Werthe vergleichen, beide Größen Zahlen einer und ebenderselben Grundeinheit oder eines gemeinschaftlichen Maaßes m seyn müssen. Diese Wahrheiten bieten eine zweifache Ansicht der Zahlen dar:

a) Denken wir eine Größe an sich (a oder b oder c rc.), als ein Vielfaches von einem gewissen Theile von ihr (m, der Grundeinheit), so ist sie eine ganze Zahl (numerus integer), a = 5, b = 3, c = 2 rc.

b) Denken wir aber zwei oder mehrere Größen als Zahlen eines und ebendesselben gemeinschaftlichen Maaßes m, und vergleichen, d. i. messen sie an einander, so können zwei Fälle statt finden:

   1) messen wir die kleinere an der größern (den Theil am Ganzen), b an a, c an b rc., so erscheint jene als ein Theil von der ganzen Zahl, welchen man einen ächten Bruch (fractio genuina) oder eigentlichen Bruch (fr. vera) nennt und $\frac{b}{a} = \frac{3}{5}$, $\frac{c}{b} = \frac{2}{3}$, $\frac{c}{a} = \frac{2}{5}$, $\frac{m}{c} = \frac{1}{2}$, $\frac{m}{b} = \frac{1}{3}$, $\frac{m}{a} = \frac{1}{5}$ bezeichnet.

   2) messen wir dagegen die größere an der kleinern (das Ganze am Theile) a an b, b an c rc., so erkennen wir sie größer, als die, woran wir sie messen $\left(\frac{a}{b} = \frac{5}{3} = 1 + \frac{2}{3}, \ \frac{b}{c} = \frac{3}{2} = 1 + \frac{1}{2} \text{ rc.}\right)$

und man nennt sie in so fern einen unächten Bruch (fractio spuria).

Beide Arten sind Quotienten des ersten Gliedes durch das zweite; bei beiden nennt man die obere Zahl, welche ausspricht, wie vielmal man sich Einheiten von der untern denken soll, den Zähler (numerator), die untere aber den Nenner (denominator).

Anmerk. Ein Bruch, welcher zum Zähler 1 hat, als $\frac{1}{2}$, $\frac{1}{3}$, $\frac{1}{4}$, $\frac{1}{5}$ rc. heißt ein Stammbruch. — Jede ganze Zahl kann man auf eine Bruchform bringen, wenn man sie selbst als Zähler und 1 als Nenner nimmt, z. E. $5 = \frac{5}{1}$, $6 = \frac{6}{1}$.

Verhältniß.

§. 37. Aus dieser Betrachtung leuchtet ein, daß wenn die Werthe der Größen erkannt werden sollen, sie nach einer als bekannt und zum gemeinschaftlichen Maaße beider angenommenen Grundgröße verglichen und in ihrer gegenseitigen Beziehung gedacht werden müssen. Z. E. 2 gegen 4 ist $= \frac{2}{4}$, 3 gegen 5 ist $= \frac{3}{5}$, 2 gegen 3 $= \frac{2}{3}$; aber 5 gegen $3 = \frac{5}{3} = 1\frac{2}{3}$, 3 gegen $2 = \frac{3}{2} = 1\frac{1}{2}$ rc. Diese gegenseitige Beziehung nennt man ihr Verhältniß (ratio, λογος) und bezeichnet es (..); (z. B. 5..3 heiß: 5 verhält sich zu 3; a..b, a verhält sich zu b). Die Größen oder Zahlen, welche im Verhältnisse gedacht werden, heißen die Glieder desselben (termini, ὁροι), und zwar das erste a das Vorderglied (term. antecedens), das andere das Hinterglied (term. consequens). Diese Beziehung findet aber statt

a) sowohl wenn wir eine Zahl in Rücksicht ihrer Einheit selbst betrachten 5 = 5..1, 3 = 3..1, a = a..1; mithin bei der ganzen Zahl;

b) als auch wenn wir eine Zahl mit einer andern Zahl vergleichen, d. i. bei der gebrochenen Zahl, als $\frac{3}{5} = 3 \,.\,.\, 5$, $\frac{2}{3} = 2 \,.\,.\, 3$, $\frac{3}{2} = 3 \,.\,.\, 2$, $\frac{b}{a} = b \,.\,.\, a$.

Es ist daher

a) jede ganze Zahl ein Verhältniß derselben ...

b) jede gebrochene Zahl ein Verhältniß ....

Anmerk. Nach dem gewöhnlichen Sprachgebrauche pflegt man das eigentliche Verhältniß das geometrische Verhältniß zu nennen, um es von dem fälschlich so genannten arithmetischen (§. 26.) zu unterscheiden. Da aber diese Unterscheidung eben so unnöthig als unnütz ist, weil es an sich nur ein Verhältniß giebt, so pflegt man jetzt, wie die Griechen, welche nur ein Verhältniß (λογος) kennen, das Beiwort geometrisch wieder wegzulassen und blos Verhältniß zu sagen.

Rational und irrational.

§. 38. Aber aus §. 30. ist bekannt, daß wenn wir zwei Größen mittelst eines gemeinschaftlichen Maaßes vergleichen, diese entweder commensurabel und in Zahlen völlig aussprechbar (αρ. ρητοι), oder incommensurabel und in Zahlen nicht vollkommen aussprechbar (αρ. αρρητοι) sind. Da nun das Verhältniß in nichts anderm, als in einer Vergleichung der Glieder, in Hinsicht einerlei Grundmaaßes besteht, so muß dieser Umstand derselben in so fern eine doppelte Art der Verhältnisse geben:

a) Wenn die Größen commensurabel sind und beide in Zahlen vollkommen ausgesprochen werden können, wie a = 6, b = 3, c = 2 ꝛc., so muß auch ihr

Verhältniß in Zahlen genau erkannt und ausgesprochen werden können. Ein solches nennt man ein endliches Verhältniß (λογος ρητος), wie 5..3, 5..2, 2..3 ꝛc. Die Glieder desselben werden in so fern rationale Zahlen genannt;

b) wenn die Größen incommensurabel sind und nicht beide in Zahlen vollkommen ausgesprochen werden können, so kann auch ihr Verhältniß nicht in Zahlen erkannt und ausgesprochen werden. Es wird daher ein unendliches Verhältniß (λογος αρρητος) genannt und .∞. bezeichnet (z. B. a.∞.x heißt: a steht zu x in einem unendlichen Verhältnisse). Die Glieder eines solchen heißen Irrationalgrößen (numeri surdi).

Name oder Exponent.

§. 39. Wenn wir nun nach §. 37. durch das Verhältniß zweier Größen den Werth erkennen, welchen sie gegen einander haben, jeder Werth aber nur als Zahl bestimmt erkannt werden kann (§. 28.), so muß auch der Werth eines Verhältnisses in einer Zahl (ganzen oder gebrochenen) zu unserer Erkenntniß kommen, welche entsteht, wenn man das erste Glied durch das zweite dividirt: als $4..1 = \frac{4}{1} = 4$, $5..3 = \frac{5}{3}$, $3..2 = \frac{3}{2}$, $3..5 = \frac{3}{5}$, $2..3 = \frac{2}{3}$, $1..3 = \frac{1}{3}$, allgem. $a..b = \frac{b}{a}$, $b..a = \frac{b}{a}$. Die Zahl, durch welche der Werth eines Verhältnisses erkannt wird, heißt der Name des Verhältnisses oder der Exponent (n. rationem exponens). Da aber die Glieder des Verhältnisses, mithin die Factoren des Exponenten rational oder irrational, und daher das Verhältniß endlich oder unendlich seyn kann (§. 38.), so muß auch der Exponent darnach verschieden seyn, nämlich

a) bei endlichen Verhältnissen . . .
b) bei unendlichen . . . . . .

Ueberhaupt wird jedes Verhältniß, es sey das einer Zahl zu ihrer Einheit, oder das einer Zahl zu einer andern, als ein Größenwerth erkannt; und da jeder Größenwerth allen Rechnungsoperationen unterworfen werden kann, so müssen auch auf die Verhältnisse . . . .

Proportion.

§. 40. Vergleicht man daher die Größenwerthe zweier Verhältnisse, so muß von ihnen gelten, was im allgemeinen von zwei verglichenen Größen gilt (§. 22. b.), d. i. sie müssen entweder einander gleich oder ungleich seyn. Z. E. $2..4 = 3..6$; $2..4 > 2..6$. Sind sie einander gleich, so nennt man die Gleichung derselben eine Proportion (proportio, ανάλογον, αναλογια), und die Größen, welche sie bilden, proportional oder analog (μεγεθη αναλογα), als $a..b = c..d$.

3.

Verhältniß als Maaß, und Vielfache derselben oder Progression.

§. 40. Wie nun durch mehrmalige Zusammensetzung oder Vervielfachung einer Größe die Reihe der Zahlen entsteht (§. 28.), eben so kann auch durch die mehrmalige Zusammensetzung eines gewissen Verhältnisses, wenn es als Einheit angenommen wird, eine Reihe von Vielfachen desselben gebildet werden, welche man eine Progression (progressio) nennt. Ist z. E. $3..1$, oder $\frac{1}{3}..1$ das Verhältniß, dessen Größenwerth man als Einheit annimmt und welches in so fern das Grundverhältniß (βασις) heißt, so ist

a) im ersten Falle

$$(3.3)..3 = 9..3 = \tfrac{9}{3} = 3;\ \text{flgl.}\ 9..3 = 3..1$$
$$(3.3.3)..(3.3) = 27..9 = \tfrac{27}{9} = 3;\ \ \text{»}\ \ 27..9 = 3..1$$
$$(3.3.3.3)..(3.3.3.) = 81..27 = \tfrac{81}{27} = 3;\ \ \text{»}\ \ 81..27 = 3..1$$

u. s. w.

Wenn dah. 3..1 d. einfache Verhältniß ist, bezeichnet 3^1

so ist	9..1 das zweifache	»	»	3^2
»	27..1 das dreifache	»	»	3^3
»	81..1 das vierfache	»	»	3^4
»	243..1 das fünffache	»	»	3^5

u. s. w.

Auf diese Weise erzeugt sich eine Reihe von Zahlen, in welcher immer das nächst höhere Glied so vielmal größer, als die Zahl des Grundverhältnisses ist. Man nennt sie daher eine zunehmende oder steigende Progression (series s. progressio divergens),

als 1.. 3.. 9.. 27.. 81..243..729.....
bez. $3^0..3^1..3^2..3^3..3^4..3^5..3^6.....$
allg. 1.. a.. aa.. aaa..aaaa..aaaaa.....
bez. $a^0..a^1..a^2..a^3..a^4..a^5.....$

b) im zweiten Falle

$$\tfrac{1}{3.3}\ ..\ \tfrac{1}{3} = \tfrac{1}{9}\ ..\ \tfrac{1}{3} = \tfrac{1}{3}..1$$
$$\tfrac{1}{3.3.3}\ ..\ \tfrac{1}{3.3} = \tfrac{1}{27}\ ..\ \tfrac{1}{9} = \tfrac{1}{3}..1$$
$$\tfrac{1}{3.3.3.3}\ ..\ \tfrac{1}{3.3.3} = \tfrac{1}{81}\ ..\ \tfrac{1}{27} = \tfrac{1}{3}..1$$

u. s. w.

Wenn daher $(\frac{1}{3}..1)$ d. einfache Verhält.; bezeichnet 3^{-1}

so ist	$(\frac{1}{9}..1)$ » zweifache	»	»	3^{-2}
»	$(\frac{1}{27}..1)$ » dreifache	»	»	3^{-3}
»	$(\frac{1}{81}..1)$ » vierfache	»	»	3^{-1}
»	$(\frac{1}{243}..1)$ » fünffache	»	»	3^{-5}

u. s. w.

und es entsteht dadurch eine Reihe, in welcher jedes nächste Glied so vielmal kleiner wird, als die Zahl des Grundverhältnisses ist, weshalb sie eine abnehmende, oder fallende Reihe oder Progression (series s. progressio convergens) heißt:

als: $1 \ldots \frac{1}{3} \ldots \frac{1}{9} \ldots \frac{1}{27} \ldots \frac{1}{81} \ldots \frac{1}{243} \ldots \frac{1}{729} \ldots$

$= 1 \ldots \frac{1}{3^1} \ldots \frac{1}{3^2} \ldots \frac{1}{3^3} \ldots \frac{1}{3^4} \ldots \frac{1}{3^5} \ldots \frac{1}{3^6} \ldots$

bez. $3^0 \ldots 3^{-1} \ldots 3^{-2} \ldots 3^{-3} \ldots 3^{-4} \ldots 3^{-5} \ldots 3^{-6} \ldots$

allg. $1 \ldots \frac{1}{a} \ldots \frac{1}{aa} \ldots \frac{1}{aaa} \ldots \frac{1}{aaaa} \ldots \frac{1}{aaaaa} \ldots$

$= 1 \ldots \frac{1}{a^1} \ldots \frac{1}{a^2} \ldots \frac{1}{a^3} \ldots \frac{1}{a^4} \ldots \frac{1}{a^5} \ldots$

bez. $a^0 \ldots a^{-1} \ldots a^{-2} \ldots a^{-3} \ldots a^{-4} \ldots a^{-5} \ldots$

Potenzen.

§. 42. Die Glieder einer solchen Reihe lassen sich nun in zweierlei Hinsicht betrachten: theils nämlich als Vielfache des Grundverhältnisses, auf welches sie sich beziehen; theils als Einfache dieser Vielfachen.

a) Als Vielfaches des Grundverhältnisses heißt ein Glied eine Potenz oder Dignität (potentia, dignitas, δυναμις).

Es ist daher	$3 = 3^1$, a	$= a^1$,	von d.	1sten Potenz
"	" $3.3 = 3^2$, aa	$= a^2$,	"	2ten "
"	$3.3.3 = 3^3$, aaa	$= a^3$,	"	3ten "
"	$3.3.3.3 = 3^4$, aaaa	$= a^4$,	"	4ten "
"	$3.3.3.3.3 = 3^5$, aaaaa	$= a^5$	"	5ten "
	. . .	.		
	. . .	.		
	. . .	.		
"	$3.3.3 \ldots = 3^n$, aaaa ...	$= a^n$,	"	'nten "

Das Bilden der Potenzen nennt man zur Potenz erheben oder Potenziren, wofür sich aus der bisherigen Betrachtung leicht eine allgemeine Regel ableiten läßt. Um eine Zahl zur 2ten Potenz zu erheben, als $2^2 = 4$, $5^2 = 25$, $b^2 = bb$.... so...

zur 3ten Potenz, als $2^3 = 8$, $5^3 = 125$, $b^3 = bbb$... so...

allgemein: Soll man eine Zahl auf die nte Potenz erheben, als 4^n, $5^n \ldots m^n$, so...

Anmerk. Wie jede Zahl an sich, mithin ihre erste Potenz einer Linie entspricht, so entspricht die zweite Potenz dem Quadrate (Fig. 12.), die dritte dem Cubus rc., daher jene die Quadratzahl (num. quadratus), diese Cubiczahl (num. cubicus) heißt; die vierte Potenz daher Biquadratzahl (num. biquadratus).

Wurzeln.

§. 43. b) Das Grundverhältniß aber, als das Einfache der Potenzen, wird die Wurzel (radix, latus, πλευρα) genennt, und zwar gegen die Quadratzahl, die Quadratwurzel, bez. $\sqrt{}$

" " Cubiczahl, " Cubicwurzel, bezeichn. $\sqrt[3]{}$

" " Biquadratzahl " Biquadratwurzel, " $\sqrt[4]{}$

u. s. w.

Es ist also

$\sqrt{9} = \sqrt{3^2} = 3$; allg. $\sqrt{aa} = \sqrt{a^2} = a$

$\sqrt[3]{27} = \sqrt[3]{3^3} = 3$; " $\sqrt[3]{aaa} = \sqrt[3]{a^3} = a$

$\sqrt[4]{81} = \sqrt[4]{3^4} = 3$; " $\sqrt[4]{aaaa} = \sqrt[4]{a^4} = a$

$\sqrt[5]{243} = \sqrt[5]{3^5} = 3$; " $\sqrt[5]{aaaaa} = \sqrt[5]{a^5} = a$

u. s. w.

Die Zahl, welche über dem Wurzelzeichen steht ($\sqrt[3]{}$, $\sqrt[4]{}$, $\sqrt[n]{}$) heißt der Wurzelexponent (num. radicem exponens).

Das Verfahren, aus einer Potenz die Wurzel zu gewinnen, nennt man das Ausziehen der Wurzel (extractio radic.) oder auch depotenziren, welches dadurch geschiehet, daß man diejenige Zahl sucht, welche ...

Logarithmen.

§. 44. Die Werthe endlich, welche die Vielfachen eines Grundverhältnisses (die Potenzen) gegen das Grundverhältniß selbst haben, sprechen die Zahlen 1, 2, 3 4, 5... aus. Man nennt sie in so fern die Verhältnißzahlen oder Logarithmen (λογαριθμοι). Ist z. B. das Grundverhältniß $= 3 .. 1 = 3^1$, so ist

der Logarithm. v. 3 od. 3^1, (bez. λ3, oder log. 3) = 1
" 9 " 3^2, (" λ9, " log. 9) = 2
" 27 " 3^3, (" λ27, " log. 27) = 3
" 81 " 3^4, (" λ81, " log. 81) = 4
u. s. w.

Allgemein: wenn das Grundverhältniß $a .. 1 = a^1$, so ist
der Logarithm. v. a oder a^1, (bez. λa, oder log. a) = 1
" aa " a^2, (" λaa, " " aa) = 2
" aaa " a^3, (" λaaa, " " aaa) = 3
u. s. w.

Reihe: 1 .. 3 .. 9 .. 27 .. 81 .. 243 .. 729 .....
Bez. $3^0 .. 3^1 .. 3^2 .. 3^3 .. 3^4 .. 3^5 .. 3^6$ .....
Logar. 0 . 1 . 2 . 3 . 4 . 5 . 6 .....

Allgemein

Reihe 1 .. a .. aa .. aaa .. aaaa .. aaaaa ....
Bez. $a^0 .. a^1 .. a^2 .. a^3 .. a^4 .. a^5$ ....
Logg. 0 . 1 . 2 . 3 . 4 . 5 ....

Wenn daher ein gewisses Grundverhältniß angenommen und von ihm eine Progression gebildet ist, so sprechen die Logarithmen die Werthe aus, welche ...

Schluß.

§. 45. Werfen wir nun auf diese Betrachtung noch einen Rückblick und stellen uns die Hauptgegenstände nochmals vor Augen, so ordnen sie sich von selbst unter drei Klassen:

I. durch die Vergleichung der Größen erkennen wir weiter nichts, als daß sie ...

II. Ihre Werthe aber erkennen wir mittelst einer Größe als gemeinschaftlichem Maaße, welches wir als Einheit annehmen, als Zahlen, welche sich

A. entweder in Beziehung ...

B. oder in Beziehung ...

III. Und wie sich von einer Einheit Vielfache (Zahlen) denken lassen, so lassen sich von einem Verhältnisse Vielfache denken, welche

A. entweder an sich (Potenzen, Wurzeln),

B. oder mittelst ihrer Verhältnißzahlen (Logarithmen) betrachtet werden können.

So haben wir die Haupttheile des Gebietes überschaut, welches wir hier zu durchwandern haben. Allein, da die Betrachtung der Gegenstände desselben ohne Verbindung der Größen nicht geschehen kann, so müssen wir zuvor noch die allgemeinen Gesetze der Verbindung derselben untersuchen.

B. Von den Gesetzen der Verbindung der Größen (Combinationslehre oder Syntaktik).

Einleitung.

§. 46. Aus §. 13. wissen wir, daß das Denken der Größen nicht bloß in der Vergleichung, sondern auch in der Verbindung derselben besteht. Letztere hat ihre Gesetze (§. 21). Nach der Entwickelung der Wahrheiten, welche aus der Vergleichung der Größen hervorgehen, und der Untersuchung, wie wir die Werthe derselben erkennen, gehen wir daher zu der andern Untersuchung über, nach welcherlei Weise und Gesetz sie sich verbinden lassen. Wiewohl aber daraus, daß Körper und andere Dinge auf ebenso vielerlei Art in Verbindung gebracht werden können, als die Größen an sich, einleuchtet, daß sich die Gesetze der Verbindung nicht allein auf reine Größen erstrecken, sondern Dinge aller Art; so ist doch hier nur von der Verbindung reiner Größen die Rede. Man nennt sie in so fern Elemente, und bezeichnet sie mit a, b, c, d, e ꝛc. in alphabetischer Ordnung:

1 Element	a	heißt	eine	Union	(unio)
2 Elemente	ab	heißen	=	Ambe	(binio)
3 =	abc	=	=	Terne	(ternio)
4 =	abcd	=	=	Quaterne	(quaternio)
5 =	abcde	=	=	Quinterne	(quinio)

u. s. w.

Ueberhaupt wird jede Zusammensetzung einer gewissen Anzahl Elemente eine Complexion (complexio) genennt.

Verbindungsarten.

§. 47. Bei solcher Zusammenstellung mehrerer Elemente kann aber eine dreifache Untersuchung statt finden: nämlich

1) entweder, wieviel Unionen, Binionen, Ternionen u. s. w. eine gewisse Anzahl Elemente gewähren; als abc, oder 1 . 2 . 3 . geben

3 Unionen,	a . b . c;	1 . 2 . 3
3 Binionen,	ab . ac . bc;	12 . 13 . 23
1 Ternion,	abc;	123.

Diese Operation nennt man die Verbindung (Combinatio) in der engern Bedeutung;

2) oder wievielmal sich mehrere Elemente versetzen lassen, z. E. abc in acb, bac, bca, cab, cba, welches man Versetzung (permutatio) nennt;

3) oder, wenn man beide Operationen vereiniget, wieviel bei den möglichen Verbindungen einer gewissen Anzahl Elemente Versetzungen statt finden können. Dieses nennt man Variiren (Variatio).

Wievielmal sich eine gewisse Anzahl Elemente verbinden oder versetzen läßt, kann natürlich nur durch Zahlen bestimmt werden; daher die Gesetze, welche die Combinationslehre entwickelt, nur in Zahlen ausgesprochen werden können (§. 28). Wir haben daher erst von der Combination, dann von der Permutation, endlich von der Variation zu handeln.

Anmerk. Bei dem Worte Verbindung (combinatio) hat man eine doppelte Bedeutung zu unterscheiden. In der weitern bezeichnet es das Verbinden gewisser Dinge, Vorstellungen oder Zeichen aller Art überhaupt, daher Combinationslehre; in der engern eigentlichen Bedeutung aber, wie hier, heißt es die Zusammenstellung gewisser Elemente nach einer Regel (lexicographisch, ohne Versetzung).

1.

Verbindung (combinatio).

§. 48. Die Verbindung oder Combination hat die Untersuchung zum Gegenstande, wieviel 1, 2, 3, 4, 5 ꝛc. überhaupt eine gewisse Anzahl Elemente, welche Zahl wir allgemein mit n bezeichnen wollen, Unionen, Binionen, Ternionen, Quaternionen u. s. w. gewähren. Man schreibt sie daher lexicographisch neben einander so lange, bis alle Fälle erschöpft sind, als ab, ac, ad... bc, bd... Es kann aber dabei zwei Weisen geben:

a) entweder man verbindet blos jedes einzelne Element lexicographisch mit einem andern, als ab, ac, ad,... bc, bd, be,...

b) oder man verbindet auch jedes einzelne Element mit sich selbst, als aa, ab, ac, ad.. bb, bc, bd, cc, cd ꝛc.

Dieses Verbinden mit sich selbst nennt man Wiederholung (repetitio); daher die erstere Art Verbindung ohne Wiederholungen (combinatio omissis repetitionibus), die letztere Verbindung mit Wiederholungen (comb. admissis repetitionibus) heißt.

Ein Beispiel wird dieß deutlich zeigen. Sollen die Verbindungen von 3 Elementen abc untersucht werden; so sind sie

	a) Ohne Wiederholungen.		b) Mit Wiederholungen.	
I. Unionen	a b. c.	3	a. b. c.	3
II. Binionen	ab. ac. bc.	3	aa. ab. ac. bb. bc. cc.	6
III. Ternionen	abc.	1	aaa. aab. aac. abb. abc. acc. bbb. bbc. bcc. ccc.	10

Gesetze der Verbindung.

§. 49. Nach den angegebenen Regeln lassen sich nun die Gesetze der Combination entwickeln:

a) ohne Wiederholungen.

I. Unionen.

Es ist an sich klar, daß bei jeder Anzahl Elementen soviel Unionen möglich sind, als Elemente vorhanden, als a.b.c, a.b.c.d.rc.

II. Binionen.

1 Element kann keine Binion geben; denn

2 Elemente a b gewähren erst 1 Binion a b.

3 Elemente a b c müssen nicht nur die vorige Binion ab, sondern auch, weil sich das dritte Element c sowohl mit a, als auch mit b verbinden läßt (ac, bc), noch
. . . .

4 Elemente a b c d müssen erstens die von 3 Elementen,

mithin 3 Binionen enthalten; dann aber, da sich jene 3 Elemente auch mit dem 4ten d verbinden lassen (nämlich ad, bd, cd), mithin noch 3 dazu kommen, so ist die Zahl ihrer Binionen . . .

5 Elemente a b c d e haben daher nicht nur diese 6 Binionen, sondern wegen der Verbindung der übrigen 4 mit dem 5ten, . . .

6 Elemente a b c d e f müssen daher aus gleichem Grunde . . . .

7 Elemente a b c d e f g . . .

u. s. w.

Da wir nun hieraus sehen, daß . . .
n Elemente $1 + 2 + 3 + 4 + 5 \ldots (n-1)$ Bin. geben; so können wir die allgemeine Wahrheit abnehmen, daß die Zahl der Binionen von einer gewissen Anzahl Elementen gleich ist . . .

Um sich aber das Zusammenzählen einer solchen Reihe von Zahlen zu ersparen, kann man sich eines leichten Kunstgriffes bedienen. Man bemerkt nämlich, daß die Summe des ersten und letzten Gliedes stets gleich der Summe des 2ten und vorletzten, und so immer die Summe je zweier vom ersten und letzten gleichweit entfernter Glieder der des ersten und letzten gleich ist; z. B. bei 7 Elementen $1 + 6 = 2 + 5 = 3 + 4$, mithin bei n Elementen die Summe jedes solchen Gliederpaares $= n - 1 + 1 = n$. Die Anzahl solcher Gliederpaare kann aber nur halb so groß seyn, als die Zahl der Glieder, folglich $= \left(\frac{n-1}{2}\right)$. Da man also, um die Summe der Reihe zu erhalten, die Summe des ersten und letzten Gliedes $= n$ so vielmal nehmen muß, als die halbe Zahl der Glieder beträgt $\left(\frac{n-1}{2}\right)$, so ist für jene die allgemeine Formel . . .

Es ergiebt sich daher für die Zahl der Binionen die Regel: . . .

z. B. 10 Elemente geben . . .
12 " " " . . .
20 " " " . . .

III. Ternionen.

§. 50. Daß 1 und 2 Elemente keine, nur
3 Elemente a b c erst 1 Ternion geben können, ist an sich klar.
4 Elemente a b c d müssen nicht nur diese abc liefern, sondern da jene 3 Binionen von 3 Elementen (ab, ac, bc, §. 49. 3) auch noch mit d verbunden werden können (abd, acd, bcd), so müssen sie . . .
5 Elemente a b c d e geben daher zuerst die vorigen 4 Ternionen und wegen der Verbindung des 5ten Elements e mit jenen 6 Binionen aus 4 Elementen abe, ace, ade, bce, bde, cde (§. 49. 4.), . . .
6 Elemente a b c d e f gewähren daher 10 Binionen aus 5 Elementen, hier verbunden mit dem 6ten, . . .
7 Elemente gestatten aus gleichem Grunde 20 und wegen §. 49. 6. noch 15, folglich . . .
u. s. w.

Da nun die erstern Zahlen (1, 4, 10, 20 . . .) die Zahlen der Ternionen von einer um 1 geringern Anzahl Elementen (von n — 1 Elementen), die andern aber (3, 6, 10, 15 . . .) die Zahlen der Binionen von einer ebenfalls um 1 geringern Anzahl, d. i. von (n — 1) Elementen sind (z. B. Ternionen von 7 Elementen = 35 = 20 + 15, mithin in der Zahl der Ternionen von 6 Elementen = 20 und der Zahl der Binionen von 6 Elementen = 15 [§. 49 6.]); so leuchtet ein, daß die Zahlen der Ternionen von n Elementen zusammengesetzt sind . . .

Schreiben wir daher die Zahlen der Ternionen und Binionen von einer gewissen Anzahl Elementen, welche die Differenzen der Zahlen der Ternionen von einer um 1 größern Anzahl Elementen sind unter einander, so gewinnen wir eine allgemeine Methode die Ternionen nach der Reihe zusammen zu setzen.

3 . 4 . 5 . 6 . 7 . 8 . 9 . 10 ... Elemente.

1 4 10 20 35 56 84 120 .. Ternionen.

3 6 10 15 21 28 36 ..... Binion. (§. 49.)

3 4 5 6 7 8 .... (n — 2).

Um z. B. die Ternionen von 8 Elementen zu gewinnen, so addirt man 6 zu der Zahl der Binionen von 6 Elementen 6 + 15 = 21, und diese, als die Zahl der Binionen von 7 Elementen, zu der Zahl der Ternionen von 7 Elementen, wodurch die Zahl der Ternionen von 8 Elementen = 56 erhalten wird. Eben so um die Ternionen von 9 Elementen zu erhalten, addirt man . . .

Allgemein: Um nach diesem Verfahren die Ternionen von n Elementen zu gewinnen, so addirt man . . .

IV. Quaternionen.

§. 51. 4 Elemente a b c d gestatten 1 Quaternion; daher weniger als 4, keine.

5 Elemente a b c d e müssen erstlich die vorige Quaternion abcd; dann aber, weil die 4 Ternionen, welche 4 Elemente geben (§. 50. 4.), auch noch mit dem 5ten e verbunden werden können (abce, abde, bcde, bcde), noch 4 Quaternionen, folglich . . .

6 Elemente a b c d e f gewähren daher sowohl diese 5 Quaternionen, als auch wegen Verbindung des 6ten Elements f mit den 10 Ternionen aus 5 Elementen (§. 50. 5.) . . .

7 Elemente a b c d e f g nicht blos die vorigen 15, sondern auch (nach §. 50. 6.) noch . . .

8 Elemente a b c d e f g h liefern daher . . . u. s. w.

Da wir nun hieraus wiederum erkennen, daß z. B. die Zahl der Quaternionen von 5 Elementen aus der Zahl der Quaternionen von 4 Elementen, und der der Ternionen von 4 Elementen; die Zahl der Quaternionen von 6 Elementen aus der der Quaternionen von 5 Elementen und aus der der Ternionen von 5 Elementen u. s. w. zusammengesetzt sind, so folgt, daß die Zahlen der Quaternionen von n Elementen . . .

Das Untereinanderschreiben der Quaternionen und Ternionen von einer gewissen Anzahl Elementen gewährt daher wieder eine allgemeine Methode, die Quaternionen von einer um 1 größern Anzahl Elementen zu erhalten: als

4 .	5 .	6 .	7 .	8 .	9 .	10 ...	Elemente.
1	5	15	35	70	126	210 ..	Quaternionen.
	4	10	20	35	56	84	Ternionen. (§. 50.)
		6	10	15	21	28	Binionen. (§. 49.)
			4	5	6	7	(n—3)

Um z. E. die Quaternionen von 9 Elementen zu finden, so addirt man . . .

Allgemein: Um die Zahl der Quaternionen von n Elementen zu finden, addirt man . . .

Ein ähnliches Verfahren findet nun auch bei den Quinionen, Senionen, Septinionen u. s. w. statt.

Anmerk. Um der leichtern Uebersicht willen ist eine ausführliche Darstellung der Verbindungen mit Buchstaben nebst den Zahlen ihrer Gesetze sehr nützlich.

b) mit Wiederholungen.

I. Unionen.

§. 52. Da die Unionen keine Combinationen sind,

so können keine Wiederholungen statt finden; daher (wie §. 49.) die Zahl der Unionen immer ...

II. Binionen.

1 Element a, welches nur mit sich selbst wiederholt werden kann, kann ...

2 Elemente ab, welche ohne Wiederholung 1 Binion zulassen (§. 49. 2.), geben mit der Wiederholung jedes Elements (aa, bb) ...

3 Elemente abc, welche ohne Wiederholung 3 Binionen gewähren (§. 49. 3.), enthalten mit Wiederholung jedes Elements (aa, bb, cc) ...

4 Elemente abcd müssen daher aus gleichem Grunde (nach §. 49. 4) 6, und mit 4 Wiederholungen ...

5 Elemente abcde gestatten deshalb obige 10 (§. 49. 5.) nebst 5 Wiederholungen, mithin zusammen ...

6 Elemente abcdef aus gleicher Ursache ...

7 Elemente abcdefg daher ...

u. s. w.

Da also hier einleuchtet, daß die Zahl der Binionen mit Wiederholungen von 7 Elementen gleich ist der Zahl der von 6 Elementen $+ 7$, die von 6 Elementen gleich denen von 5 Elementen $+ 6$ u. s. w., so muß die Zahl der Binionen von n Elementen gleich seyn ...

Aber wir können uns auch aus obiger Formel für die Zahl der Combinationen ohne Wiederholungen (§. 49.) leicht eine für die Zahl der Combinationen mit Wiederholungen ableiten. Jene war bei n Elementen $= \frac{n^2 - n}{2}$; setzen wir also hier noch einmal n dazu, so ist sie $=$ ...

In Worten giebt sie also die Regel: ...

Z. E. 7 Elemente geben ...

12 Elemente geben . . .

20 Elemente . . .

Anmerk. Vergleichen wir die Binionen ohne Wiederholungen mit denen mit Wiederholungen, so finden wir eine vollkommene Uebereinstimmung zwischen denen von n Elementen ohne Wiederholungen und denen von (n − 1) Elementen mit Wiederholungen. Weiß man daher die Zahlen der Binionen ohne Wiederholungen, so weiß man auch die der Binionen von . . .

III. Ternionen.

§. 53. Wie sich oben (§. 50.) die Ternionen aus den Binionen ohne Wiederholungen durch Hinzusetzen noch eines Elements ergaben, so wird dieses auch bei den Wiederholungen der Fall seyn.

1 Element a kann nur 1 Ternion geben aaa.

2 Elemente a b müssen nicht nur dieses aaa, sondern auch, weil man zu jenen 3 Binionen (§. 52. 2.) das zweite Element b noch einmal hinzufügen kann (aab, abb, bbb), auch noch . . .

3 Elemente a b c erhalten daher die vorigen 4 und aus Verbindung des 3ten Elements c mit den Binionen (§. 52. 3.) (aac, abc, acc, bbc, ccc) . . .

4 Elemente a b c d gestatten nicht blos die vorigen 10, sondern auch aus den Binionen (§. 52. 4.) . . .

5 Elemente a b c d e gewähren daher sowohl jene 20, als auch (nach §. 52. 5) . . .

6 Elemente diese 35 und (§. 52. 6.) . . .

7 Elemente . . . u. s. w.

Es entsteht also die Zahl der Ternionen von 7 Elementen durch Addition der Zahl der Ternionen aus 6 Elementen und der der Binionen aus 6 Elementen; die Zahl der Ternionen aus 6 Elementen aus der Zahl der Ternionen aus 5 Elementen und aus der der Binionen aus 6 Elementen; allgemein die Zahl der Ternionen aus n Elementen . . .

Anmerk. Eine Vergleichung der Ternionen ohne Wiederholungen mit denen mit Wiederholungen zeigt, daß die Ternionen jener Art von n Elementen denen dieser Art aus (n—2) Elementen gleich sind. Hat man daher die Zahl der Ternionen von n Elementen ohne Wiederholungen, so hat man sie auch von denen . . .

IV. Quaternionen.

§. 54. Auf gleiche Weise werden die Zahlen der Quaternionen mit Wiederholungen gebildet.

1 Element a kann nur 1 Quaternion geben, aaaa.

2 Elemente ab müssen außer dieser noch so viel gestatten, als 2 Elemente Ternionen lieferten, weil sie noch einmal mit dem 2ten Elemente b verbunden werden (aaab, aabb, abbb, bbbb,) (§. 53. 2.), mithin . . .

3 Elemente abc gewähren daher sowohl diese 5, als auch (aus §. 53. 3.) . . .

4 Elemente abcd gestatten daher . . .

5 Elemente . . .

6 Elemente . . .

7 Elemente . . .

Daher allgemein: n Elemente liefern zusammen so viele Quaternionen, als . . .

Anmerk. Die Vergleichung der Quaternionen ohne und mit Wiederholungen zeigt, daß die von n Elementen ohne Wiederholungen denen von . . .

Auf ebendieselbe Weise werden nun auch die Zahlen der Quinionen, Senionen u. s. w. gewonnen.

2.

Versetzung (permutatio).

§. 54. Um zu sehen, wievielmal sich eine gewisse Anzahl Elemente anders setzen läßt, oder wieviel Versetzungen eine Complexion gestattet, muß man sich eines bestimmten regelmäßigen Verfahrens bedienen. Dieses ist: Man bezeichnet die Elemente mit Buchstaben nach alphabetischer Reihenfolge und versetzt sie nach lexicographischer Ordnung. z. B.

a b c d
a b d c
a c b d
a c d b
a d b c
a d c b
b a c d
b a d c
b c a d
b c d a
b d a c
b d c a
c a b d
c a d b
c b a d
c b d a
c d a b
c d b a
d a b c
d a c b
d b a c
d b c a
d c a b
d c b a

1) Zuerst versetzt man blos die beiden letzten Elemente c d, indem man die ersten a b unverändert läßt;

2) dann vertauscht man das dritte c mit dem zweiten b und versetzt wieder die beiden letzten b d.

3) Nun setzt man auch das vierte d in die zweite Stelle, rückt das zweite b in die dritte und versetzt wieder die letzten u. s. fort, bis zum ersten, wenn mehr als 4 Elemente sind.

4) Sind dann außer dem ersten alle Elemente an der zweiten Stelle gewesen, so stellt man das zweite b in die erste und verfährt wie vorher.

5) Sind auch hier alle Ordnungen erschöpft, so tritt auch das 3te c und das 4te d u. s. w. in die erste Stelle, so daß die übrigen immer in alphabetischer Ordnung fortrücken. Das übrige Verfahren bleibt das vorige.

Anmerk. Das Einschalten der Elemente, um daraus zu sehen, wie sie versetzt worden sind, nennt man Involution, und solche Darstellung, wodurch man zugleich die Permutationen einer geringen Anzahl von Elementen bekommt, involutorisch.

Gesetze der Versetzung.

§. 56. Da die Combinationen zweierlei Art sind, ohne und mit Wiederholungen, so sind es auch die Versetzungen der Complexionen, welche sich daher sowohl in solche theilen, worinne kein Element, als auch in solche, wo ein oder mehrere Elemente wiederholt sind.

a) Ohne Wiederholungen.

1 Element a (Union) kann nur 1 Stellung, aber keine Veränderung zulassen (a, b, c ꝛc.)

2 Elemente ab (Binion), wo jedes sowohl am Ende, als am Anfange stehn kann (ab, ba) gewährt daher . . .

3 Elemente abc (Ternion) müssen die vorigen 2 Versetzungen liefern, und weil das dritte Element c bei jeder derselben 3 Stellen einnehmen kann (abc, acb, cab, und bac, bca, cba), . . .

4 Elemente abcd (Quaternion) geben daher nicht allein die vorigen 6, sondern weil das 4te Element d sich bei jeder an 4 verschiedenen Stellen (z. E. abcd, abdc, adbc, dabc u. s. f.) befinden kann, . . .

5 Elemente abcde (Quinion) müssen aus gleichem Grunde sowohl 1.2.3.4 = 24 und wegen der 5 verschiedenen Stellen bei jeder Versetzung, . . .

6 Elemente abcdef (Senion) enthalten daher . . .

u. s. w.

Wenn also eine gewisse Anzahl von Elementen allgemein n heißt, so werden n Elemente . . .

Anmerk. Diese Gesetze finden unzählbare Anwendungen bei der Zusammenstellung verschiedener Dinge, Personen, Stoffe, Blumen, Farben, bei Verzierungen, in der Baukunst, in der Chemie u. dergleichen, so auch bei dem Zusammentreffen der Karten in Spielen und Kunststücken. Auch giebt die Versetzung der Buchstaben mancher Wörter (welche Anagrammata heißen), oder der Wörter mancher Verse sinnreiche Veränderungen und angenehme Unterhaltung.

b) Mit Wiederholungen.

§. 57. Sind aber in einer Complexion 1 oder mehrere Elemente mehrmal enthalten (als aab, aaabb ꝛc.), so können soviel Versetzungen, als diese Elemente nach vorigen § gegeben haben würden, nicht statt finden; oder welches ebensoviel ist: es müssen, um soviel Versetzungen aus der ganzen Zahl, welche die Anzahl der Elemente giebt, wieder herausfallen.

I. Da bei einer Union keine Versetzung möglich ist, so ist hier nicht von ihr die Rede.

II. Ist bei einer Binion ein Element wiederholt (aa), so muß die Zahl ihrer Versetzungen zweimal geringer seyn, als wenn jene verschieden wären (§. 56. 2.), nämlich . . .

III. Wenn bei einer Ternion

1) ein Element zweimal wiederholt ist (aab), so muß die Zahl der Versetzungen 2mal geringer seyn, als bei 3 verschiedenen (§. 56. 3.), mithin . . .

2) ein Element dreimal wiederholt (aaa), so muß die Zahl der Versetzungen . . .

IV. Wenn in einer Quaternion

1) ein Element wiederholt ist (aabc), so ist die Zahl der Versetzungen, (wie bei III. 1), . . .

2) zwei Elemente wiederholt sind (aabb), so ist die Zahl der Versetzungen 1.2.1.2 = 2.2 = 4mal geringer, daher . . .

3) Ein Element dreimal wiederholt (aaab) liefert . . .

4) Ein Element viermal wiederholt (aaaa), giebt . . .]

V. Wenn in einer Quinion

1) ein Element wiederholt ist (aabcd), so müssen aus der ganzen Anzahl (§. 56. 5.) zweimal soviel Versetzungen herausfallen, folglich . . .

2) Sind zwei Elemente wiederholt (aabbc), so fallen 2.2 = 4mal so viele Versetzungen weg, mithin ist die Zahl der Anordnungen . . .

3) Ist ein Element 3mal, das andere 2mal wiederholt (acabb), so wird die Zahl der Anordnungen noch geringer, nämlich . . .

4) Ist ein Element viermal wiederholt (aaaab), so kommt die ganze Anzahl der Versetzungen auf . . .

5) ein Element 5mal wiederholt (aaaaa), so . . .

u. s. w.

Um aber diese Gesetze in einer allgemeingültigen Zeichenformel auszudrücken, so heiße die Zahl der Elemente n, die Zahl der Wiederholungen eines Elements aber m, so ist dann die Anzahl der Versetzungen . . .
Würde aber auch noch ein anderes Element rmal wiederholt, so wäre die Zahl der Versetzungen . . .

3.

Versetzung aller Verbindungen oder Variation.

§. 58. Wenn nun die Variationen in den Permutationen aller Combinationen bestehen, so ist einleuchtend, daß sich die Zahlen der Variationen aus denen der Combinationen und Permutationen zusammensetzen lassen müssen. Z. B. drei Elemente abc haben ohne Wiederholungen 3 Binionen (ab, ac, bc, §. 49. 3.), jede Binion aber 2 Versetzungen (ab, ba, ac, ca, bc, cb. §. 56. 2.), mithin lassen 3 Elemente 3 . 2 = 6 Variationen zu. Wir entwickeln sie jetzt nach der Reihe.

a) Ohne Wiederholungen.

I. Da bei 1 Elemente a keine Versetzung möglich ist, so kann auch keine Variation statt finden, folglich nur eine Anordnung.

II. Zwei Elemente ab geben 1 Combination. Da sich nun diese 2mal versetzen läßt (ab, ba. §. 56. 2.), so müssen jene auch . . .

III. Drei Elemente abc geben (§. 49. 3.)

1) 3 Binionen. Da nun jede derselben 2mal versetzt werden kann (§. 56. 2.), so muß die Zahl ihrer Variationen . . .

2) 1 Ternion (§. 50.); und da diese (§. 56. 3.) 6 Versetzungen zuläßt, so folgt, daß sie . . .

IV. Vier Elemente abcd geben

1) 6 Binionen (§. 49. 4.); da aber ebenfalls jede 2mal versetzt werden kann (§. 56. 2.), so muß die Zahl ihrer Variationen = . . .

2) 4 Ternionen (§. 50.); weil aber jede derselben 6

Permutationen erlaubt (§. 56. 3.), so muß die Zahl ihrer Variationen . . .

3) 1 Quaternion (§. 51.), welche 24 Permutationen zuläßt; folglich giebt sie auch . . .

V. Fünf Elemente a b c d e gewähren

1) 10 Binionen (§. 49. 5.); daher ist wegen §. 56. 2. die Zahl der Variationen derselben = . . .

2) 10 Ternionen (§. 50.); mithin die Menge der Variationen (§. 56. 3.) . . .

3) 5 Quaternionen (§. 51.); daher die Summe der Variationen = . . .

4) 1 Quinion, welche nach (§. 56. 5.) 120 Versetzungen giebt, liefert mithin auch . . .

Eben so verfährt man, um die Variationen von 6, 7, 8 . . . n Elementen zu erhalten. — Es läßt sich daher aus dem bisherigen Verfahren die allgemeine Regel ableiten, daß man, um die Zahl der Variationen von n Elementen ohne Wiederholungen zu bekommen, die Zahlen ihrer Binionen, Ternionen, Quaternionen ꝛc. . . .

Anm. Aus obiger Formel für die Binionen $\left(\frac{n^2-n}{2}\right)$ (§. 49.) und der Zahl der Versetzungen derselben 1 . 2 (§. 56. 2.) läßt die Formel für die Variationen der Binionen aus n Elementen zusammensetzen: sie ist = . . .

b) Mit Wiederholungen.

§. 59. Nach diesem Verfahren lassen sich auch die Zahlen der Variationen mit Wiederholungen finden, wenn wir die Wiederholungen noch hinzufügen, welche die Binionen, Ternionen, Quaternionen ꝛc. aus einer gewissen Anzahl Elementen gewähren.

I. Unionen.

Da bei den Unionen weder eine Combination noch eine Permutation statt finden kann, so ist auch keine Variation möglich, sondern die Unionen bleiben immer den Zahlen der Elemente gleich.

II. Binionen.

1) Ein Element (aa, bb, cc ꝛc.), welches keine Permutation gewährt, kann auch keine Variation zulassen, sondern nur eine Anordnung.

2) Aus zwei Elementen ab ist die Zahl der Variationen ohne Wiederholungen = 1 . 2 = 2 (§. 58. II.); da aber auch jedes dieser Elemente wiederholt werden kann (aa, bb), so ist die Zahl der Variationen = . . .

3) Aus 3 Elementen sind die Variationen = 2 . 3 = 6 (§. 58. III.); wegen der Wiederholung jedes Elements aber . . .

4) Aus 4 Elementen sind die Variationen 3 . 4 = 12 (§. 58. IV.); wegen der Wiederholung jedes Elements aber = . . .

5) Aus 5 Elementen ist die Zahl der Variationen = 4 . 5 = 20; durch die Wiederholung aller 5 Elemente aber = . . .

6) Aus 6 Elementen ist die Zahl der Variationen = 5 . 6 = 30; mithin nach der Wiederholung aller Elemente = . . . u. s. f.

Hieraus erkennt man schon, daß, da die Zahlen der Variationen der Binionen mit Wiederholungen die Quadratzahlen der Zahlen der Elemente sind, die Anzahl der Variationen der Binionen aus n Elementen = . . .

Wenn man daher die Anzahl der Variationen von den Binionen mit Wiederholungen gewinnen will, so darf man nur . . .

III. Ternionen.

§. 60. Da bei den Ternionen die Binionen noch einmal mit allen Elementen verbunden werden (§. 53.); z. B. aus 2 Elementen sind

die Binionen; daher die Ternionen

$$\left.\begin{matrix} aa & ab \\ ba & bb \end{matrix}\right\} \qquad \left\{\begin{matrix} aaa & aab \\ aba & abb \\ baa & bab \\ bba & bbb \end{matrix}\right.$$

so leuchtet ein, daß . . .

Daher sind

1) aus 1 Elemente die Variationen . . .
2) " 2 " " " . . .
3) " 3 " " " . . .
4) " 4 " " " . . .
5) " 5 " " " . . .
.
.
n " n " " " . . .

Es sind mithin die Zahlen der Variationen mit Wiederholungen . . .

Allgemein.

§. 61. Auf eben diese Weise, wie die Zahlen der Ternionen aus denen der Binionen entspringen, so erzeugen sich die der Variationen der Quaternionen aus denen der Ternionen, und aus denen der Quaternionen die der Quinionen, und aus diesen die der Senionen u. s. w. als

IV. Quaternionen:

1) aus 1 Elem. sind die Variatt. = . . .
2) ꝛ 2 ꝛ ꝛ ꝛ = . . .
3) ꝛ 3 ꝛ ꝛ ꝛ = . . .
4) ꝛ 4 ꝛ ꝛ ꝛ = . . .
. .
. .
. .
n ꝛ n ꝛ ꝛ ꝛ = . . .

V. Quinionen:

1) aus 1 Elem. sind die Variatt. = . . .
2) ꝛ 2 ꝛ ꝛ ꝛ = . . .
3) ꝛ 3 ꝛ ꝛ ꝛ = . . .
. .
. .
. .
n) ꝛ n ꝛ ꝛ ꝛ = . . .

So läßt sich nun für die Variationen für jede Complexion und jede Anzahl von Elementen, welche n heißen mag, die allgemeine Regel ableiten, daß die Zahl derselben

1) aus den Unionen =
2) ꝛ ꝛ Binionen =
3) ꝛ ꝛ Ternionen =
4) ꝛ ꝛ Quaternionen =
5) ꝛ ꝛ Quinionen =
. .
. .
. .
m) m—nionen =

Geschichte der Combinationslehre.

§. 62. Von der Kenntniß der hier gefundenen Wahrheiten und der Kunst sie zu entwickeln, findet sich in den aus dem Alterthume auf uns gekommenen Schriften keine Spur. Ihre Bearbeitung beginnt erst mit der Wiederauflebung der Wissenschaften im 16ten Jahrhunderte. Der erste bekannte Versuch ist von Johann v. Buteon (1559), welcher die mit 4 Würfeln möglichen Würfe darstellte und alle Variationen der 4 ersten Classen von Verbindungen aus 6 Buchstaben untersuchte. Ausführlicher behandelte sie Fr. Vieta (1615), welcher aber alles mit Worten ausdrückte, und Th. Harriot († 1621) wendete sie auf die Algebra an. — Pascal und Fermat (um 1640) wechselten Briefe über die Combinationen in Spielen. Von ernstern Bemühungen um die Wissenschaft und ihre Anwendung zeugen Pet. Mersenne's sinnreiche Anwendung der Combinationsgesetze auf die Verbindung der Töne der Musik, und des Jesuits P. Guldin (um's J. 1630) Berechnung, wieviel sich aus den 23 Buchstaben des Alphabets Wörter bilden lassen. Van Schooten (1657) verfertigte eine Tafel über die Verbindungen.

§. 63. Aber die vielseitigen und wichtigen Anwendungen dieser Lehre erkannte in ihrem Umfange und Werthe zuerst G. W. Leibnitz, welcher sie zur Wissenschaft erhob, mächtig erweiterte und ihre Anwendung nicht allein auf die Mathematik, sondern auch auf seine Erfindung einer Combinirkunst der Begriffe, welche zur Erfindung aller Wahrheiten, zur Berichtigung aller Irrthümer und zugleich zur Bildung einer allgemeinen philosophischen Sprache dienen sollte, erstreckte. Von nun an beschäftigten sich die denkendsten Männer jenes Zeitalters damit. Indem sie an Joh. Wallis (1685), Jacob Bernoulli (1705) und andern wichtige Bearbeiter fand, leitete sie einen Alb. Girard (1629), Isaak Newton (1642 — 1727) und mehrere zu merkwürdigen Entdeckungen. Nicht unbedeutend sind die Verdienste L. Eulers (1707 — 1785) um sie, wiewohl ihre höchste systematische Ausbildung C. F. Hindenburg (1741 — 1808) aufbehalten war, welcher die Reihe derjenigen, welche sie mit Anwendung auf die sogenannte Analysis bearbeitet haben, anführt.

Zweiter Abschnitt.

Von den Vielfachen der Größen, oder von den Zahlen.

Einleitung.

§. 64. Aus der Betrachtung des Denkens der Größen im Allgemeinen (der allgemeinen Arithmetik, §. 21. ꝛc.) haben wir gesehen, daß die Werthe derselben nur in Zahlen bestimmt erkannt werden (§. 28.), die Zahlen aber in einer zweifachen Hinsicht in Betrachtung kommen können:

a) in Beziehung auf ihre Einheit, von welcher sie Vielfache sind, mithin als Zahlen an sich; z. B. 3 = 3..1, 4 = 4..1 ꝛc.;

b) in Beziehung auf andere Zahlen, welche mit ihnen einerlei Einheit haben, d. i. als Verhältnisse; z. B. 3..4, 7..12 ꝛc. (§. 37.).

Es zerfällt daher die Betrachtung der Zahlen in zwei Abtheilungen, von welchen

A. die erste . . .

B. die zweite . . .

handeln muß.

A. Von den Zahlen an sich.

1.

Von dem Denken der Zahlen.

§. 65. Daß eine Zahl eine Zusammensetzung aus einer gewissen mehrmal gedachten Größe ist, haben wir aus §. 28. erkannt. Die Einheit, als solche keine Zahl, sondern eine Größe, ist das Element, aus welchem durch Zusammensetzung jede Zahl erzeugt wird. Setzen wir die Einheit zur Einheit, so entsteht die Zwei ($1+1=2$), und fügen wir die Einheit noch einmal dazu, die Drei ($1+1+1=3$) u. s. fort. Da aber der menschliche Verstand nur zwei Dinge, mithin auch nur zwei Zahlen auf einmal verbinden kann (§. 9.), so muß er, um größere Zahlen zu denken, die vorhergebildeten kleinern, als Elemente derselben betrachten und sie aus diesen zusammensetzen.

Diese Zusammensetzung kann nun auf verschiedene Weise geschehen; als

1
$2=1+1$
$3=2+1=1+2$
$4=3+1=2+2=1+3$
$5=4+1=3+2=2+3=1+4$
$6=5+1=4+2=3+3=2+4=1+5$
$7=6+1=5+2=4+3=3+4=2+5=1+6$
$8=7+1=6+2=5+3=4+4=3+5=2+6=1+7$
$9=8+1=7+2=6+3=5+4=4+5=3+6=2+7$ ꝛc.
$10=9+1=8+2=7+3=6+4=5+5=4+6=3+7$ ꝛc.

u. s. w.

oder kürzer (§. 28.)

1

2 = 1 . 2 .

3 = 1 . 3 .

4 = 1 . 4 = 2 . 2 .

5 = 1 . 5 „ „

6 = 1 . 6 = 2 . 3 = 3 . 2

7 = 1 . 7 „ „ „

8 = 1 . 8 = 2 . 4 = „ = 4 . 2

9 = 1 . 9 = „ = 3 . 3 . „

10 = 1 . 10 = 2 . 5 „ „ = 5 . 2

11 = 1 . 11 „ „ „ „

12 = 1 . 12 = 2 . 6 = 3 . 4 = 4 . 3 „ = 6 . 2 .

und so ins Unendliche fort.

Das Denken der Zahlen ist an sich eine kunstreiche Operation des menschlichen Verstandes, welche diesem ursprünglich einwohnt und die wir uns nicht weiter zu erklären vermögen.

Zahlzeichen. Ziffern.

§. 66. Diese Zahlen haben die Völker des Alterthums mit ihren Buchstaben bezeichnet, die Nationen der neuern Zeiten aber bequemer mit den zehn sogenannten arabischen Ziffern, welche aber entweder indischen Ursprungs oder aus den alten Formen der griechischen Buchstaben entstanden sind. Hier folgen die Zeichen für die ersten zehn Zahlen der

Hebräer,	Griechen,	Römer,	Araber,	Nationen der neuern Zeit.
א	A.	I	١	1
ב	B.	II	٢	2
ג	Γ.	III	٣	3
ד	Δ.	IV	٤	4
ה	E.	V	٥	5
ו	ϛ.	VI	٦	6
ז	Z.	VII	٧	7
ח	H.	VIII	٨	8
ט	ϑ.	IX	٩	9
י	I.	X	١٠	10

Die Zeichen der übrigen Zahlen können in den Sprachlehren nachgesehen werden; von den letzten aber werden wir bald weiter reden.

Anmerk. Woher unsere Zahlzeichen oder Ziffern stammen und welche Nation sie zuerst gebraucht hat, ist nicht zur völligen Gewißheit gebracht. Daß sie aus dieser Figur ⊠ entstanden seyen, ist eine eben so kindische als grundlose Vermuthung. — Sonst hielt man fast einstimmig die Araber für die Erfinder, daher sie arabische Ziffern genennt werden; aber jene selbst geben sie für Zeichen Indischen Ursprungs aus. Fast gewiß ist es, daß sie der Papst Sylvester II. (Gerbert) im 10ten Jahrhunderte von den Arabern zuerst nach Frankreich und Italien gebracht hat [8]). Daß sie aber die Deutschen schon früher gebraucht haben, als die Araber, dafür spricht der Umstand, daß sie in den Jahrbüchern jener früher vorkommen sollen, als in denen der letztern. Dasypod (Pr. z. Strasburg im 17. Jahrh.) war der erste, welcher vermuthete, daß unsere Ziffern aus den griechischen Buchstaben entstanden seyen. Dieser Meinung traten Hüet (Franz. Bisch.) und andere bei, und Weidler und Mannert haben sie durch Nachweisung aus einem, wenigstens aus dem 11ten Jahrhunderte herrührenden Codex des Boethius zu Altdorf zu hoher Wahrscheinlichkeit zu erheben gesucht. Dort kann man die Aehnlichkeit unserer Ziffern mit den alten Formen der griechischen Buchstaben nicht ableugnen, und alle Gründe sprechen dafür, daß sie aus den Schriften der Pythagoräer zu den Arabern übergegangen sind. Die Null, dort (△), ist daher vielleicht der Anfangsbuchstabe von OYΔEN, worein man ein △ setzte, welches später heraus fiel. — Nach Julius Cäsar bedienten sich auch die Helvetier schon vor Christi Geburt der griechischen Buchstaben als Zahlzeichen bei ihren Rechnungen, von welchen ihr Gebrauch leicht zu den Deutschen übergegangen seyn kann. — Die römischen Zahlzeichen erklärt Klügel aus Ansichten der Finger und der Hand, z. B. V, wenn man 4 Finger zusammenschlägt und den Daumen abkehrt; L aus einer veränderten Lage derselben; C ist offenbar von centum und cIɔ (M) scheint von mille genommen, wovon Iɔ (D) die Hälfte ist.

Zahlenordnungen.

§. 67. Bei dem Denken und Bilden der unendlichen Reihe der Zahlen fordert aber die Natur unsers Verstandes, daß wir sie nach gewissen Ordnungen denken. Dieses geschiehet so, daß wir zuerst eine gewisse Anzahl Zahlen (gewöhnlich zehn) nach einander denken, welche die Hauptzahlen (numeri cardinales) heißen, die letzte derselben (zehn) vom neuen zum Maaße annehmen, und wiederum aus dieser so viele Zahlen bilden, als vorher, welche die erste Ordnung genennt werden; dann wieder von der letzten eben soviele Zahlen, welche die zweite Ordnung ausmachen, erzeugen, u. s. f. Ein Beispiel wird dieß deutlich darstellen. Wenn wir, wie gewöhnlich, bis neun zählen und zehn als das Maaß der ersten Ordnung annehmen, so sind die

Hauptzahlen,	1ste Ordn.	2te Ordn.	3te Ordn.	4te Ordn.	2c.
1	10	100	1000	10000	=
2	20	200	2000	20000	=
3	30	300	3000	30000	=
4	40	400	4000	40000	=
5	50	500	5000	50000	=
6	60	600	6000	60000	=
7	70	700	7000	70000	=
8	80	800	8000	80000	=
9	90	900	9000	90000	=

Wenn also im Allgemeinen die Grundzahl der ersten Ordnung, welche allezeit mit 10 bezeichnet wird, n heißt, so heißt die der zweiten Ordnung $nn = n^2$, die der dritten $nnn = n^3$, die der vierten $nnnn = n^4$ 2c., allgemein die der mten Ordnung $= n^m$; woraus einleuchtet, daß (nach §. 42.) die Zahlen der Ordnungen . . .

Zahlensystem.

§. 68. Hieraus erkennen wir, daß das ganze Ordnen der Zahlen von der Grundzahl der ersten Ordnung abhängt. Den Inbegriff der nach Ordnungen gedachten Zahlen nennt man ein Zahlensystem. Da nun alle übrigen Ordnungen von derjenigen Zahl abhängen, welche man der ersten zum Grunde legt, so folgt, daß ebendieselbe auch den Bau des ganzen Systems bestimmt. Diese Zahl heißt dann in so fern die Grundzahl oder Basis (βασις) des Systems, welches von ihr auch den Namen erhält. Nimmt man nämlich

zwei zur Grundzahl an, so heißt das System dyadisch (v. δυας),

drei = = = = = triadisch (v. τριας),

vier = = = = = tetradisch (v. τετρας),

fünf zur Grundz. an, so heißt das System pentadisch, (v. πεντας),

. . . .
. . . .
. . . .

zehn . . . . . decadisch (v. δεκας).

Nach diesen Systemen bezeichnet man die Zahlen in combinatorischer Ordnung, wie in folgender

Tafel der Zahlensysteme.

dyadisch	triadisch	tetradisch	pentadisch	. .	decadisch	dodecadisch	
1	1	1	1	. .	1	1	eins
10	2	2	2	. .	2	2	zwei
11	10	3	3	. .	3	3	drei
100	11	10	4	. .	4	4	vier
101	12	11	10	. .	5	5	fünf
110	20	12	11	. .	6	6	sechs
111	21	13	12	. .	7	7	sieben
1000	22	20	13	. .	8	8	acht
1001	100	21	14	. .	9	9	neun
1010	101	22	20	. .	10	ε	zehn
1011	102	23	21	. .	11	ϛ	mor
1100	110	30	22	. .	12	10	taun
1101	111	31	23	. .	13	11	taun eins
1110	112	32	24	. .	14	12	taun zwei
1111	120	33	30	. .	15	13	taun drei
10000	121	100	31	. .	16	14	taun vier

u. s. w.

Alle uns bekannte Völker zählen nach zehn, wiewohl es natürlicher und bequemer wäre, nach zwölf, d. i. dem dodecadischen oder Taunsysteme zu zählen.

Steigende und fallende Ordnungen.

§. 69. Nach einem jeden dieser und jedem andern Systeme können nun die Zahlen nicht blos zunehmend (steigend), sondern auch nach ebendenselben Stufen abnehmend (fallend) gedacht werden (Fig. 10.) Wie nämlich die Zahlen jeder nächst höhern Ordnung 10mal größer sind, so werden die Zahlen jeder nächst niederen Ordnung 10mal kleiner. Man pflegt die Ordnungen, wie die Potenzen, mit oben an die 10 geschriebenen Ziffern zu bezeichnen, und zwar

die steigenden: $10^1. 10^2. 10^3. 10^4. 10^5. 10^6. 10^7 \ldots\ldots$

die fallenden: $10^{-1}.10^{-2}.10^{-3}.10^{-4}.10^{-5}.10^{-6}.10^{-7} \ldots.$

Um nun die Zahlen steigender Ordnung auszudrücken, schreibt man sie um so viel Zahlstellen, als ihre Ordnung ist, zur Linken, die Zahlstellen aber füllt man zur Rechten mit eben soviel Nullen aus, als: $10^1 = 10$; $10^2 = 100$; $10^3 = 1000$; $10^6 = 1000000$ ꝛc. Die Zahlen steigender Ordnung nennt man ganze Zahlen nach dem Systeme, nach welchem sie gedacht werden; z. E. ganze Decimalzahlen, ganze Taunzahlen ꝛc. — Umgekehrt drückt man die Zahlen fallender Ordnung so aus, daß man sie um soviel Zahlstellen, als ihre Ordnung besagt, zur Rechten rückt, und eben soviel Nullen zur Linken vorschreibt, jedoch so, daß man nach der ersten Null ein Komma setzt, um den Mangel der Ganzen anzuzeigen; als $10^{-1} = 0{,}1$; $10^{-2} = 0{,}01$; $10^{-3} = 0{,}001$; $10^{-6} = 0{,}000001$ ꝛc. Solche nennt man Brüche nach ihrem System; z. B. Decimalbrüche, Taunbrüche ꝛc.

Da wir nun daraus erkennen, daß durch das Vor- und Zurücksetzen der Zahlen und das Ausfüllen der Zahlstellen mit Nullen ihr Ordnungswerth ausgedrückt wird, so läßt sich daraus im Allgemeinen die Regel festsetzen, daß man, um eine Zahl zu schreiben

von der nten steigenden Ordn. . . .
" " nten fallenden " . . .
Nullen an sie schreiben muß.

Decimalzahlen und Decimalbrüche.

§. 70. Wiewohl aber dieses von den Zahlen und Ordnungen aller Systeme gilt, so ist es doch nöthig, sich eines gewissen Systems zu bedienen, um daran die Wahrheiten, welche von ihnen gelten, zu entwickeln. Wir wählen dazu das allgemein gebräuchliche decadische. Wenden wir nun die Lehren des vorigen Paragraphs darauf an, so heißen bei ihm die Zahlen steigender Ordnung (ganze) Decimalzahlen (numeri decimales), die fallender Ordnung aber Decimalbrüche (fractiones decimales), wobei dann das Komma Decimalkomma genennt wird.

Die Hauptzahlen sind hier die neun ersten. Die Ordnungen haben ihre besondern Namen, so daß die

steigende,		fallende,	
1ste 10^1	= 10, Zehner;	10^{-1}	= 0,1 Zehntheilchen
2te 10^2	= 100, Hund.;	10^{-2}	= 0,01, Hunderttheil.
3te 10^3	= 1000, Tausend.;	10^{-3}	= 0,001, Tausendth.
4te 10^4	= 10000, Zehnt.;	10^{-4}	= 0,0001, Zehntausendtheilchen
5te 10^5	= 100000, Hundts.	10^{-5}	= 0,00001, Hunderttausendth.
6te 10^6	= 1000000, Mill.	10^{-6}	= 0,000001, Milliontheilchen
: :	:	:	:
12te 10^{12}	Binionen;	10^{-12}	Billiontheilchen
18te 10^{18}	Trillionen;	10^{-18}	Trilliontheilchen
24te 10^{24}	Quatrillion;	10^{-24}	Quatrilliontheilchen.
	u. s. w.		

Eine Uebersicht davon bis zu den Millionen giebt folgende

Tafel der decadischen Zahlenordnungen.

Zunehmende oder steigende D. Ganze Decimalzahlen.							Abnehmende oder fallende D. Decimalbrüche.					
10^6	10^5	10^4	10^3	10^2	10^1	10^0	10^{-1}	10^{-2}	10^{-3}	10^{-4}	10^{-5}	10^{-5}
1 000000	1 00000	1 0000	1 000	1 00	10	1	0,1	0,01	0,001	0,0001	0,00001	0,000001
2 000000	2 00000	2 0000	2 000	2 00	20	2	0,2	0,02	0,002	0 0002	0,00002	0,000002
3 000000	3 00000	3 0000	3 000	3 00	30	3	0,3	0,03	0,003	0,0003	0,00003	0,000003
4 000000	4 00000	4 0000	4 000	4 00	40	4	0,4	0,04	0,004	0,0004	0,00004	0,000004
5 000000	5 00000	5 0000	5 000	5 00	50	5	0,5	0,05	0,005	0,0005	0,00005	0,000005
6 000000	6 00000	6 0000	6 000	6 00	60	6	0,6	0 06	0,006	0,0006	0 00006	0,000006
7 000000	7 00000	7 0000	7 000	7 00	70	7	0,7	0,07	0,007	0,0007	0,00009	0,000007
8 000000	8 00000	8 0000	8 000	8 00	80	8	0,9	0,08	0,008	0,0008	0,00008	0.000008
9 000000	9 00000	9 0000	9 000	9 00	90	9	0,9	0,09	0,009	0,0009	0,00009	0 000009
Millionen.	Hunderttausende.	Zehntausende.	Tausende.	Hunderte.	Zehner.	Einer.	Zehntheilchen.	Hunderttheilchen.	Tausendtheilchen.	Zehntausendtheilchen.	Hunderttausendtheilchen.	Milliontheilchen.

Anmerk. Wiewohl die alten Griechen sich des decadischen Zahlensystems bedient haben, so machten ihnen doch, wegen des Mangels unserer Zeichen, statt welcher sie ihre Buchstaben gebrauchten (§. 66.), und der Ordnungsweise, wodurch es unserer Zahlenrechnung erst möglich wird, ihre Wunder zu thun, große Rechnungen große Schwierigkeiten. — Bis auf Archimedes, welcher das Zahlensystem der Griechen erweitete, war ihre größte Ordnung 10000, eine Myriade (μυριας), mithin ihre höchste Zahl 9999'9999. Daher konnte man blos Zahlen von 8 Zahlstellen schreiben und damit rechnen. Die Römer zählten nur bis Tausend (millia) und setzten daraus ihre größern Zahlen zusammen, z. E. Million, decies centena millia. — Bis auf Albert Girard (gestorben 1634) sprach man in Deutschland noch statt Million, tausendmal tausend; auf gleiche Weise Billion, Trillion ꝛc. — Die Franzosen nennen eine Zahl von 7 Zahlstellen Million, die von 10 Zahlstellen Billion, die von 13, Trillion, und so von je drei Zahlstellen anders; jedoch stimmen sie in dem Gebrauch dieser Wörter nicht mit einander überein.

Zwischenzahlen.

§. 71. Da nun das Denken der Zahlen und ihre Bezeichnung von 1 zu 1 fortgeht, als $10+1=11$, $10+2=12$, $10+3=13$ ꝛc., eben so $20+1=21$, $20+2=22$ ꝛc., und die 9 Ziffern die Elemente der Zeichenverbindung derselben sind, so ist die weitere Bezeichnung mit den Ziffern dem Gesetze der Variationen der Binionen mit Wiederholungen (§. 59. II.) unterworfen; die Anzahl der Variationen aus 9 Elementen mit Wiederholungen aber ist $=9^2=9.9=81$, wozu noch 9 Zehnerzahlen 10, 20, 30, 40 ꝛc. kommen. Es ist daher die Anzahl der Zahlen, welche zwischen 10 und 100 liegen, mithin die der ersten Ordnung $=9^2+9$

81+9=90. Sie mögen hier in der Ordnung erscheinen, wie sie ihren Grundzahlen entsprechen.

0	1.	2.	3.	4.	5.	6.	7.	8.	9.
10.	11.	12.	13.	14.	15.	16.	17.	18.	19.
20.	21.	22.	23.	24.	25.	26.	27.	28.	29.
30.	31.	32.	33.	34.	35.	36.	37.	38.	39.
40.	41.	42.	43.	44.	45.	46.	47.	48.	49.
50.	51.	52.	53.	54.	55.	56.	57.	58.	59.
60.	61.	62.	63.	64.	65.	66.	67.	68.	69.
70.	71.	72.	73.	74.	75.	76.	77.	78.	79.
80.	81.	82.	83.	84.	85.	86.	87.	88.	89.
90.	91.	92.	93.	94.	95.	96.	97.	98.	99.

Ebensoviele Zahlen liegen zwischen jeder einzelnen der zweiten Ordnung (zwischen 100 und 200, zwischen 200 und 300 u. s. w. bis 999). Und soviel als zwischen 1 und 1000 sich befinden, ebensoviel liegen zwischen jeder Zahl der dritten Ordnung, d. i. zwischen 1000 und 2000, zwischen 2000 und 3000 und so ins Unendliche fort. Zu einer ebenso unabsehbaren Menge mehrt sich auf gleiche Weise das Heer der Zahlen der fallenden Ordnungen.

Numeriren.

§. 72. Da ferner der Ordnungswerth einer decadischen Zahl durch die Zahlstelle ihrer Ziffer ausgedrückt wird (z. E. 3 bedeutet in der 2ten Stelle 30, in der 3ten 300, in der 4ten 3000 ꝛc.); so müssen natürlich die Ziffern in diejenigen Stellen gesetzt werden, in welchen sie den durch sie bezeichneten Zahlen ihre Ordnungswerthe geben. Dadurch reihen sich die Ziffern dicht an einander, und die Zahlenbezeichnung gewinnt eine eben so schöne als bequeme Kürze, als

dreizehn = 10 + 3 = 13;
fünfundzwanzig = 20 + 5 = 25;

einhundertsechsundfunfzig $=100+50+6=156$.
$1000+800+10+6=1816$.

Und ist für eine Ordnung keine Zahl vorhanden, so bleibt die Stelle mit 0 ausgefüllt, als

dreihundert und vier $=300+4=304$;
tausend und acht $=1000+8=1008$ u. s. w.

Umgekehrt lassen sich so geordnete Ziffern leicht übersehen und ihre Zahlenwerthe erkennen und aussprechen, wobei man die Millionen, Billionen, Trillionen ꝛc. durch Absetzen der Ziffern oder mit oben an sie angeschriebenen Strichen auszeichnen kann;

z. B. 18 446744 073709 551615,
oder 18''' 446744'' 073709' 551615, d. h.
18 Trillion, 446744 Billion, 73709 Million, 551 Tausend 6 Hundert und 15;

desgl. 36,57264, d. i. 36 Ganze, 5 Zehntheile, 7 Hunderttheile, 2 Tausendtheile, 6 Zehntausendtheile, 4 Hunderttausendtheile; oder kürzer, 36 Ganze und 57264 Hunderttausendtheile. Dieses Einrichten der Ziffern nach ihren Ordnungswerthen sowohl, als auch das Denken und Aussprechen derselben nennt man Numeriren (Numeratio).

Anmerk. Der Mangel einer bequemen Zahlbezeichnung veranlaßte die Alten zum Gebrauche eines Rechenbrets, abacus (αβακιον) genannt. Die Römer bedurften dieses Hülfsmittels mehr, als die Griechen. Es war eine Tafel (tabula) nebst Kästchen mit Fächern (loculis), worin Rechensteinchen (calculi, ψηφοι) waren. Eines ähnlichen, sehr sinnreichen Instruments haben sich auch die Chinesen bedient. Rechenbrete mit Rechenpfennigen brauchte man noch im 16ten Jahrhunderte, und ihr Nutzen wurde sonst und wird jetzt noch erkannt.

Stammzahlen.

§. 73. Bevor wir nun diese Zahlen den Rechenoperationen unterwerfen, so ist es nützlich, noch einen Blick auf sie zu werfen, um ihre Natur und Charakter zu erkennen.

1) Eins, das Grundelement aller und jeder Zahl, ist an sich eine Größe, keine Zahl (§. 65.) Da nun die Multiplication nicht mit Größen, sondern blos mit Zahlen geschehen kann (§. 31.), so folgt, . . .

2) Mit zwei beginnt erst die Reihe der Zahlen sich zu erzeugen. Aus der Verbindung mit ihr selbst und mit jeder andern Zahl, welche allgemein n heißen mag, entspringen eine Reihe Zahlen, welche alle in der Form 2n begriffen sind und sich daher durch Division mit 2 auflößen lassen, nämlich:
2. 4. 6. 8. 10. 12. 14. 16. 18. 20. 22. 24. 26...
Sie werden gerade Zahlen (num. pares, αριθμοι αρτιοι) genennt; dahingegen diejenigen, welche um Eins größer oder kleiner, mithin der Form $2n \pm 1$ unterworfen sind, ungerade (num. impares, αρ. περιττοι) heißen [42]. Aus jenem läßt sich die allgemeine Regel ableiten, daß alle gerade Zahlen (2n) mit . . .

3) Drei ist die Zusammensetzung (synthesis) aus Zwei und Eins (§. 65.) Sie heißt von jeher bei allen Nationen die heilige Zahl. Durch Multiplication mit andern Zahlen (n) giebt sie eine Reihe, deren Zahlen der Form 3n unterworfen sind:
3. 6. 9. 12. 15. 18. 21. 24. 27. 30. 33. 36 . . . .
welche abwechselnd gerade und ungerade sind. Es gilt daher für die aus 3 entstandenen Zahlen auch die Regel, daß sie sich mit . . .

4) So sind für diese zwei Reihen Zahlen zwei und drei die Stammzahlen, gleichsam Stammväter zweier

sich ins Unendliche fortpflanzender Familien, welche sich in den aus 2 und 3 entsprungenen Zahlen 6, 12, 18, 24, 30, 36.... wie durch Wechselvermählung vereinigen; daher diese gleichsam mit beiden Familien verwandt sind. — Sie sind sämmtlich unter der Form 6m (wenn m jede ganze Zahl bedeutet) begriffen; und da $6 = 2 . 3$, so müssen sich auch jene beiden Reihen angehörige Zahlen (6m) . . .

Primzahlen.

§. 74. Neben diesen Zahlen (6m), welche jenen beiden aus 2 und 3 entstandenen Zahlreihen angehören, finden wir zu beiden Seiten noch solche, welche ihren Ursprung weder von 2 noch von 3, sondern blos von der Einheit ableiten können und sich mithin durch keine derselben auflößen lassen. Sie sind daher entweder Stammzahlen eigener Reihen (gleichsam Stammväter besonderer Familien) und heißen Primzahlen (numeri primi, ἀριθμοὶ πρῶτοι), oder aus Primzahlen entsprungene (Producte von Primzahlen), welche aber nicht zu den Primzahlen gerechnet werden, weil sie sich nicht blos durch Eins auflößen, sondern auch durch Primzahlen theilen lassen. Da sie denen von 6m zu beiden Seiten stehen, so sind sie alle unter den Formen $6m - 1$, oder $6m + 1$, d. i. $6m \pm 1$ begriffen:

6m — 1.	6m.	6m + 1.
5.	6.	7.
11.	12.	13.
17.	18.	19.
23.	24.	25. $= 5 \times 5$.
29.	30.	31.
35. $= 5 \times 7$.	36.	37.
41.	42.	43.

47.	48.	49. $= 7 \times 7$.
53.	54.	55. $= 5 \times 11$.
59.	60.	61.
65. $= 5 \times 13$.	66.	67.
71.	72.	73.
77. $= 7 \times 11$.	78.	79.
83.	84.	85. $= 5 \times 17$.
89.	90.	91. $= 7 \times 13$.
95. $= 5 \times 19$.	96.	97.
101.	102.	103.
107.	108.	109.
113.	114.	115. $= 5 \times 23$.
119. $= 7 \times 17$.	120.	121. $= 11 \times 11$.
125. $= 5 \times 5 \times 5$.	126.	127.

u. s. w.

Anmerk. 1. Da sich 2 und 3 auch durch keine Zahlen theilen lassen, so werden sie auch mit unter die Primzahlen gerechnet, sind aber der Form $6m \pm 1$ nicht unterworfen. Um für die Primzahlen eine allgemeine Formel, welche auch 2 und 3 mit einschließt, zu finden, hat man sich bis jetzt vergeblich bemüht. Sie auszusondern, scheinen die Griechen keine andere Methode gekannt zu haben, als die, welche unter dem Namen des Siebes (cribrum, κοσκινον) des Eratosthenes bekannt ist. Nach dieser schreibt man alle Zahlen in Ordnung nach einander, streicht erstlich außer 2 jede zweite Zahl, dann außer der 3 jede dritte, dann außer der 5 jede 5te aus, wenn sie nicht schon ausgestrichen ist, und eben so mit 7, 11, 13, u. s. f. Z. B.

1. 2. 3. 4. 5. 6. 7. 8. 9. 10. 11. 12. 13. 14.

15. 16. 17. 18. 19. 20. 21. 22. 23. 24. 25. 26.

u. s. w.

Um zu finden, ob eine Zahl eine Primzahl sey, hat man die Regel: Man dividirt die Zahl durch alle Primzahlen, welche kleiner, als ihre Quadratwurzel, sind; sie ist eine Primzahl, wenn sie sich durch keine derselben auflößen läßt. Z. B. 127 durch 2, 3, 5, 7 dividirt geht nicht auf, ist folglich eine Primzahl. Allein bei großen Zahlen ist dieses Verfahren weitläuftig; daher hat man Primzahlentafeln verfertiget.

Anmerk. 2. Zwei Zahlen, welche sich nicht durch eine andere gemeinschaftlich theilen lassen, als 5 und 8, 7 und 10, 15 und 13 ꝛc., nennt man Primzahlen unter sich (numeri primi inter se, πρωτοι προς αλληλους αριϑμοι), (8 und 10 durch 2, 6 und 15 durch 3 theilbar, sind keine Primzahlen unter sich).

Fünf.

§. 75. Die merkwürdigste unter diesen Primzahlen ist fünf, weil sie durch Verbindung mit zwei die Grundzahl unsers Systems giebt ($2 . 5 = 10$), mithin die Hälfte der letztern ist ($5 = \frac{10}{2}$). Von ihr leiten daher nicht nur alle aus 10 entsprungene Zahlen: 20, 30, 40, 50, 60, 70 .... allgemein 10n ihren Ursp ung ab, sondern auch alle zwischen ihnen mitten inneliegende, als: 15. 25, 35, 45, 55, 65, ... ($10n \pm 5$), welche sich daher sämmtlich mit 5 auflößen lassen. Da nun die Ziffern der der Form 10n unterworfenen Zahlen sich alle mit 0, die der Form ($10n \pm 5$) zugehörigen mit 5 endigen, so folgt daraus die wichtige Eigenschaft der mit 0 oder 5 endigenden Zahlen, daß ...

Anmerk. Alle übrigen Primzahlen haben dergleichen Eigenschaften nicht.

Neun.

§. 76. Außer dieser verdient die Neun noch einer besondern Betrachtung. Sie ist die vorletzte vor 10 mithin $= (10-1)$ und alle ihre Vielfachen der Form $n(10-1) = 10n - n$ unterworfen. Um so viel mehr Einheiten höherer Ordnung diese Vielfachen daher bekommen, eben so viel weniger bekommen sie von der nächst tiefern. Z. E.

$2.9 = 18$, welche Zahl 1 Zehner und 8 Einer,
$3.9 = 27$ " " 2 " " 7 " ꝛc.

enthält, und daher kommt es, daß die Summen dieser Zahlen ohne Rücksicht auf ihre Ordnungswerthe, immer wieder neun oder Producte von neun machen. Folgende Darstellung wird dieß deutlich machen.

$$
\begin{array}{rrrrl}
2.9 = & 2(10-1) = & 20-2 = & 18; & 1+8=9. \\
3.9 = & 3(10-1) = & 30-3 = & 27; & 2+7=9 \\
4.9 = & 4(10-1) = & 40-4 = & 36; & 3+6=9 \\
5.9 = & 5(10-1) = & 50-5 = & 45; & 4+5=9 \\
6.9 = & 6(10-1) = & 60-6 = & 54; & 5+4=9 \\
7.9 = & 7(10-1) = & 70-7 = & 63; & 6+3=9 \\
8.9 = & 8(10-1) = & 80-8 = & 72; & 7+2=9 \\
9.9 = & 9(10-1) = & 90-9 = & 81; & 8+1=9 \\
10.9 = & 10(10-1) = & 100-10 = & 90; & 9 \quad =9 \\
11.9 = & 11(10-1) = & 110-11 = & 99; & 9+9=2.9 \\
\cdot \\
\cdot \\
\cdot \\
\cdot
\end{array}
$$

$$152.9 = 152(10-1) = 1520 - 152 = 1368;\ 1+3+6+8 = 18 = 2.9$$

u. s. w.

Es läßt sich daher hieraus umgekehrt abnehmen, daß sich alle Zahlen, deren Bestandtheile ohne Rücksicht ihrer Ordnungswerthe zusammen ein Product von 9 geben, . . .

[Allegorie. Wenn wir nun jene §. 73. gewonnene Ansicht, nach welcher wir die ganze Zahlengesellschaft nach ihrer Abstammung und Verwandschaft betrachteten, nochmals auffassen, so sehen wir, daß jene zwei, zween Hauptfamilien ähnliche, Reihen:

2. 4. 6. 8. 10. 12. 14. 16. 18. 20....

und 3. 6. 9. 12. 15. 18. 21. 24. 27. 30....,

wo die zwei Grundzahlen, 2 und 3, mit Stammvätern vergleichbar sind, welche nur die Eins als ihren gemeinschaftlichen Urvater anerkennen, in dem ganzen Zahlthume vorherrschen. Alle ihre Descendenten behalten den urväterlichen Charakter *), welcher sich, wie ein Familiencharakter, durch alle Generationen erblich fortpflanzt — (so sind alle aus 2 entsprossene Zahlen durch 2, alle aus 3 entsprossene durch 3, alle aus 6 entstandene durch 2 und 3 u. s. w. auflößbar); — und alle Verwandte scheinen sich gegenseitig für einander zu vermitteln. — Aber bei der Fortpflanzung dieser Zahlenfamilien treten von Zeit zu Zeit Fremdlinge mit in die Gesellschaft, welche von keiner der zwei Familien abstammen, sondern ihren Ursprung nur von Eins, dem allen Zahlen gemeinschaftlichen Stammvater (gleichsam dem Adam des ganzen Zahlengeschlechts) abzuleiten wissen, nämlich die Primzahlen: 5, 7, 11, 13, 17, 19, 23.... Willig in jener Mitte aufgenommen stehen sie und ihre Nachkommen den aus beiden Hauptfamilien Entsprossenen: 6. 12. 18. 24.... immer zur Seite (§. 74.). Nach und nach aber gelingt es ihnen, sich mit jenen Familien zu vermählen, und alle ihre Nachkommen tragen nicht allein die Kennzeichen ihrer Verwandten, sondern erhalten auch dadurch die ererblichen Rechte derselben. Der erste dieser Fremdlinge (5) sieht sich am frühesten in die Familie 2 aufgenommen, und sein erster Sprößling (10) ist so glücklich, zum Oberhaupte des ganzen Zahlengeschlechtes erwählt zu werden, während der aus beiden Familien entsprossene, rechtmäßige

*) Diesen eigenthümlichen Charakter der Zahlen erkennt man vornehmlich, wenn man die Zahlen nach mehreren Systemen vergleicht.

Prätendent (12) ihm zur Seite stehen und unterthan seyn muß (§. 68.). Zwar hätte schon der erste Abkömmling beider Familien (6) auf diesen Vorzug Anspruch gehabt, wenn da die Gesellschaft einer gesetzlichen Verfassung (eines Systems) bedürftig gewesen wäre; aber bevor sich sein Sprößling (12) desselben bemächtigen kann, befindet sich schon der Sohn eines Fremdlings ($10 = 2 . 5$), in dessen Besitze, welcher durch das ganze Zahlthum wie ein gewaltiger Zwingherr herrscht und alles seinen (decadischen) Gesetzen unterordnet, die seine Nachkommen forterhalten. Auch diese bleiben immer mit den Nachkommen jener Hauptfamilien in gleichem Verhältnisse. (Wie z. B. 10^1 durch 2^1 völlig theilbar ist, so ist $10^2 = 100$ durch $2^2 = 4$, $10^3 = 1000$ durch $2^3 = 8$, $10^4 = 10000$ durch $2^4 = 16$ u. s. f. allgemein 10^n durch 2^n völlig theilbar). — Wiewohl aber jene die Zahlenwelt mit Zwangsgesetzen beherrschen, die sie durch ihr Alterthum befestiget sehen, so behaupten doch diese unveränderlich ihre natürlichen Rechte, und durch sie ein bedeutendes Ansehen und Uebergewicht über ihre Unterdrücker. Denn die Natur gehorcht ihrem Urgesetze, nicht Vorschriften der Willkühr]. —

2.

Anwendung der Rechnungsoperationen auf decadische Zahlen.

§. 77. Nach §. 24. 1. können nur gleichartige Größen addirt und subtrahirt werden. Die Gleichartigkeit der Zahlen aber besteht einzig in der Gleichheit der Ordnungswerthe. Daraus folgt, daß . . .

a) Addition ganzer Decimalzahlen und Decimalbrüche.

1) Ganze.	2) Brüche.	3) Ganze u. Brüche.
52786	0,56204	7105,362
13942	0,77958	.270,153
....8	12	5
..12.	..115.	11
.16..	.13...	7375,4
.5...	12....	7375,515
6....	1,34162	
66728		

Abgekürzt.

35726	0,72..	743,621.
..410	0,6587	.72,047
.3057	0,4...	..1,62.
....7	0,65..	3210,3..
...25	0,072.	2,5725
39225	2,5007	4030,1605

Hieraus läßt sich für die Addition sowohl ganzer Decimalzahlen, als Decimalbrüche die allgemeine Regel festsetzen:

1) Man schreibt die Zahlen ...

2) Wachsen die Einheiten einer Ordnung über 9, wo sie dann eine Einheit der nächst höhern Ordnung ausmachen, so ...

Anmerk. 1. Um sich vornehmlich bei langen Additionsexempeln von der Richtigkeit der Rechnung zu überzeugen, so thut man wohl, wenn man die Zahlen einmal von oben herab, das anderemal von unten herauf zusammenzählt.

Anmerk. 2. Nimmt man bei der Addition auf die Natur der Zahlen einige Rücksicht, so bemerkt man

a) daß die Summe gerader Zahlen (als $2+4=6$ allgem. $2n+2m=2(n+m)$, welche Form ebenfalls die einer geraden Zahl ist (§. 73. 2.) . . .

b) Daß die Summe zweier ungeraden Zahlen, z. E. $3 + 7 = 10$, allgem. $(2n + 1) + (2m + 1) = 2(n + m + 1)$ §. 73. 2.) . . .

c) Daß aber die Summe einer geraden und einer ungeraden ($4 + 5 = 9$, allgem. $2n + 2m + 1 = 2(n + m + 1)$ oder dreier ungeraden rc. $(2n + 1) + (2m + 1) + (2q + 1) = 2(n + m + q) + 3$ rc. . . .

Anmerk. 3. Was von der Addition mit decadischen Zahlen gilt, gilt auch von denen anderer Zahlensysteme; z. E.

1) dyadisch.

	1100101	=	101
	1001011	=	75
S.	10010000	=	176

2) triadisch.

111	=	13
1000	=	27
120	=	15
2001	=	55

Eben so tetradisch, pentadisch u. s. w.

Anmerk. 4. Will man die Summe einer Reihe von Zahlen von 1 bis zu einer gewissen, welche n heißen mag, als $1 + 2 + 3 + 4 + 5 + 6 \ldots + n = S$ wissen, so kann man, wie oben §. 49. und 52. eine allgemeine Formel dafür bilden. Denn da die Summe je zweier vom ersten und letzten gleichweit entfernter Glieder gleich ist der Summe des ersten und letzten, nämlich

$n + 1 = n - 1 + 2 = n - 2 + 3 = n - 3 + 4 \ldots$

und die Zahl der Gliederpaare halb so groß als die Anzahl der Glieder ($= \frac{1}{2}n$), so ist die Summe $S =$ . . .

b) Subtraction ganzer Decimalzahlen und Decimalbrüche.

§. 78. Wiewohl ebenfalls nur Zahlen gleicher Ordnung von einander abgezogen werden können, so tritt doch oft der Fall ein, daß einzelne Bestandtheile des

Subtrahendus in Hinsicht ihrer Ordnungswerthe größer sind, als die Zahlen derselben Ordnung im Minuendus (z. B. von 521 abgez. 289). Dann muß man einen Einer von der Zahl der nächst höhern Ordnung, welcher = 10 Einern der nächst niedern ist, wegnehmen, sie zu der vorgefundenen Zahl derselben Ordnung im Minuendus addiren und dann jene abziehen. Man nennt dieses borgen (wiewohl unschicklich, denn man borgt nicht, sondern nimmt), z. B. da in 521 — 289 9 Einer von 1 nicht abgezogen werden können, so nimmt man von den 2 Zehnern einen, welcher = 10 Einern ist, addirt ihn zu jenem Einer und zieht 9 von 11 ab; ebenso können 8 Zehner nicht von 1 Zehner abgezogen werden, daher man auf gleiche Weise seine Zuflucht zu den 5 Hunderten nimmt. Es ist daher 521 — 289 = 232. Ist in der nächsten Zahlstelle keine Zahl, so muß man von einer noch höhern Ordnung nehmen und die genommene gleichfalls in Zahlen niederer Ordnung zerlegen.

Beispiele.

1) Ganze.	2) Brüche.	3) Ganze und Brüche.
726 508	0,72 053	6 021,578
224 923	0,04 178	1 460,295
501 585	0,67 875	4 561,283

Es läßt sich also hieraus für die Subtraction mit Decimalzahlen, sowohl Ganzen als Brüchen, die allgemeine Regel fassen:

1) Man schreibt die Zahlen . . .

2) ist aber die Zahl einer gewissen Ordnung im Subtrahendus größer, als die gleicher Ordnung im Minuendus, so . . .

Anmerk. 1. Es tritt aber auch oft der Fall ein, daß im Minuendus mehrere Ordnungen leer, d. i. mit Nullen ausgefüllt sind, als 200, 5000,

80000 ꝛc., der Subtrahendus aber Zahlen dieser Ordnungen enthält, z. B.

1) Ganze.	2) Brüche.	3) Ganze u. Brüche.
40 000	0,8 . . .	150,5 . . .
28 961	0,57 69	3,74 92
11 039	0,22 31	146,75 08

Dann muß man . . .

Anmerk. 2. Sieht man darauf, ob die zu subtrahirenden Zahlen gerade oder ungerade sind, so ergiebt sich Folgendes:

a) Da 2m — 2n = 2 (m — n) eine Form einer geraden Zahl ist, so muß die Differenz gerader Zahlen . . .

b) Da 2m — (2n + 1) = 2 (m — n) + 1, oder (2m + 1) — 2n = 2 (m — n) + 1 Form einer ungeraden Zahl ist, so ist die Differenz gerader und ungerader Zahlen stets . . .

c) Da endlich (2m + 1) — (2n + 1) = 2 (m — n) Form einer geraden Zahl ist, so sind alle Differenzen ungerader Zahlen . . .

Anmerk. 3. Da nach §. 25. die Summe des Subtrahendus und der Differenz dem Minuendus gleich ist (a = b + d) und nur unter dieser Bedingung die Subtraction richtig seyn kann, so dient die Addition zur Probe für die Subtraction:

572654	0,95702	85,634
279514	0,29498	9,207
293140	0,66204	76,427
572654	0,95702	85,634

Regel: . . .

Anmerk. 4. Auf gleiche Art wird die Subtraction nach andern Zahlsystemen verrichtet:

	1) dyadisch.	2) triadisch.
Min.	10110000 = 176	2001 = 55
Subtr.	1001110 = 78	1221 = 43
Diff.	1100010 = 98	110 = 12

Eben so tetradisch, pentadisch u. s. w.

Allgemeine Form der Addition und Subtraction der Zahlen nach Ordnungen.

§. 79. Wenn wir nun allgemein die Grundzahl eines Systems, welches es auch sey, mit z, mithin die Ordnungen

steigend: $z^0, z^1, z^2, z^3, z^4 \ldots\ldots z^n$;

fallend: $z^0, z^{-1}, z^{-2}, z^{-3}, z^{-4} \ldots\ldots z^{-n}$;

die Zahlen von diesen Ordnungen aber im allgemeinen mit a, b, c, d, e . . . x, y ꝛc. bezeichnen, welche in so fern die Coefficienten jener Ordnungszeichen werden (§. 35.), als:

$az^0, bz^1, cz^2, dz^3, ez^4, \ldots\ldots xz^n$,

so lassen sich nach obigem Gesetze, nach welchem nur Zahlen von einerlei Ordnung addirt und subtrahirt werden können, die allgemeinen Formen der Addition und Subtraction nach Ordnungen gedachter Zahlen leicht darstellen.

a) Addition.

1) Ganzer	az^0	$+bz^1$	$+cz^2$	$+dz^3$	$+\ldots xzn$
	mz^0	$+nz^1$	——	$+pz^3$	$+\ldots yz^n$
Sum.	$(a+m)z^0$	$+(b+n)z^1$	$+cz^2$	$+(d+p)z^3$	$+\ldots\ldots (x+y)z^n$

2) Dec.Br.	az^0	$+bz^{-1}$	$+cz^{-2}$	$+dz^{-3}$	$\ldots+xz^{-n}$
	mz^0	$+nz^{-1}$	$+oz^{-2}$	——	$\ldots+yz^{-n}$
Sum.	$(a+m)z^0$	$+(b+n)z^{-1}$	$+(c+o)z^{-2}$	$+dz^{-3}$	$\ldots\ldots+(x+y)z^{-n}$

b) Subtraction.

1) Min.	az^0	$+bz^1$	$+cz^2$	$+dz^3$	$+\ldots yz^n$
Subtr.	mz^0	$+nz^1$	$+pz^2$	——	$+\ldots xz^n$
Diff.	$(a-m)z^0$	$+(b-n)z^1$	$+(c-p)z^2$	$+dz^3$	$\ldots\ldots (y-x)z^n$

2) Min.	az^0	$+bz^{-1}$	$+cz^{-2}$	$+dz^{-3}$	$\ldots\ldots+xz^{-n}$
Subtr.	mz^0	$+nz^{-1}$	——	$+pz^{-3}$	$\ldots\ldots+yz^{-n}$
Diff.	$(a-m)z^0$	$+(b-n)z^{-1}$	$+cz^{-2}$	$+(d-p)z^{-3}$	$\ldots\ldots (x-y)z^{-n}$

Benannte Zahlen.

§. 80. Was von den Systemen der Zahlen gilt, gilt auch von den Systemen der Maaße des Raums, der Zeit, des Gewichts, des Geldes u. and. Wie daher die Zehner nur zu und von den Zehnern, die Hunderte nur zu und von den Hunderten u. s. w. addirt und subtrahirt werden können, eben so die Thaler nur zu und von den Thalern, die Groschen nur zu und von den Groschen, die Pfunde nur zu und von den Pfunden u. s. w.; und wie die Zahlen von einer gewissen Ordnung, wenn sie zu einer Einheit der nächst höhern wachsen, zu diesen gerechnet und eine von höherer Ordnung genommene Einheit in die Einheiten der nächst tiefern zerlegt werden muß, um gleichartige von ihr abzuziehen, so ist dieß auch mit den Zahlen aller Maaßsysteme der Fall. Man nennt solche **benannte Zahlen**, weil die Art des Maaßes ihnen einen Namen giebt (z. B. 3 Thl., 5 Groschen, 7 Pfd. ꝛc.), und sie sind **Coefficienten** der Maaßgrößen oder Zahlen ihrer **Benennungen** (vergl. §. 35.), welche man allgemein mit a, b, c, d, e . . . . . . bezeichnen kann.

Beispiele.

1) Addition.

27 Thlr.	+ 14 Gr.	+ 7 Pf.
— =	+ 22 =	+ 9 =
33 =	+ 4 =	+ -- =
61 =	+ 17 =	+ 4 =

2) Subtraction.

15 Centn.	23 Pfd.	13 Lth.	2 Qutch.
7 =	27 =	5 =	3 =
7 =	106 =	7 =	3 =

Allgemein.

Addit.	3a	+ 5b	———	+ 7d	+ 6e
	4a	+ 3b	+ 8c	———	e
	10a	———	+ 5c	+ 4d	7e
	——	+ 9b	———	+ 8d	———
	17a	+17b	+13c	+19d	+14e
Subtr.	5a	+ 9b	———	+ 7d	+ 6e
Differ.	12a	+ 8b	+13c	+12d	+ 8e
Probe	17a	+17b	+13c	+19d	+14e

Regel. Um benannte Zahlen zu addiren und zu subtrahiren, . . .

Anmerk. Die Maaßsysteme sind in verschiedenen Ländern verschieden. Man muß sich daher mit denen bekannt machen, mit welchen man zu thun hat. Allgemein gebräuchliche enthält das Verzeichniß am Schlusse.

c) Multiplication

1) der Hauptzahlen.

§. 81. Wir haben §. 32. a. erkannt, daß die Multiplication eine sovielmalige Zusammensetzung des Multiplicandus ist, als der Multiplicator Einheiten enthält. Nach diesem Gesetze der Vervielfachung, welches für die Zahlen, wie für die Größen gilt, müssen, ehe wir zu zusammengesetzten Zahlen übergehen, zuvor die Vielfachen der Hauptzahlen, 2, 3, 4, 5, 6 . . . ., woraus jene zusammengesetzt sind, bilden, und es ist nützlich ein Verzeichniß derselben zu entwerfen und dem Gedächtnisse einzuprägen. Man nennt solches das kleine Einmaleins oder die Pythagorische Rechentafel (abacus Pythagoricus).

1.	2.	3.	4.	5.	6.	7.	8.	9.	einfach
2.	4.	6.	8.	10.	12.	14.	16.	18.	zweifach
3.	6.	9.	12.	15.	18.	21.	24.	27.	dreifach
4.	8.	12.	16.	20.	24.	28.	32.	36.	vierfach
5.	10.	15.	20.	25.	30.	35.	40.	45.	fünffach
6.	12.	18.	24.	30.	36.	42.	48.	54.	sechsfach
7.	14.	21.	28.	35.	42.	49.	56.	63.	siebenfach
8.	16.	24.	32.	40.	48.	56.	64.	72.	achtfach
9.	18.	27.	36.	45.	54.	63.	72.	81.	neunfach

Da nun aus den Hauptzahlen alle Zahlen nach ihren Ordnungswerthen zusammengesetzt werden (§. 67.), so leuchtet ein, daß die Tafel der Hauptzahlen auch für die Zahlen jeder Ordnung gelten müsse. Z. E. $3 \times 6 = 18$, $3 \times 60 = 180$, $300 . 6 = 1800$, $3 . 6000 = 18000$.

Anmerk. 1. Eine genaue Ansicht dieser Tafel läßt leicht wahrnehmen, daß die Zahlreihen von einer und derselben Zahl von oben herab denen querüber gleich sind. Wo sich zwei Reihen treffen, muß natürlich die Quadratzahl stehen (§. 42.), daher die Quadratzahlen in die Diagonale der Tafel kommen. Auch befinden sich dieselben Zahlen gleichweit entfernt von einander, und haben daher dieselben Zahlen zu Nachbarn.

Anmerk. 2. Das kleine Einmaleins heißt diese Tafel im Gegensatze des großen, welches die weitere Darstellung der Producte aller Zahlen bis 100 enthält. Pythagorische Rechentafel nennt man sie, weil sie von Pythagoras herrühren soll.

2) zusammengesetzter Zahlen.

§. 82. Wir haben ferner gefunden (§. 33.), daß, wenn aus mehrern Theilen bestehende Größen multiplicirt werden sollen, alle Theile mit dem Multiplicator vervielfacht werden müssen. Sind daher Zahlen aus mehrern verschiedener Ordnungen, wie Theile zu einem Ganzen zusammengesetzt (als: 265 = 200 + 60 + 5; 5,804 = 5 + 0,8 + 0,004), so muß dieses Gesetz auch für Zahlen verschiedener Ordnungen gelten. Z. B.

1) Ganze.	2) Brüche.	3) Ganze u. Brüche.
$200 + 60 + 5$	$0,2 + 0,01$	$30 + 2 + 0,3$
2	4	3
$400 + 120 + 10$	$0,8 + 0,04$	$90 + 6 + 0,9$

Kürzer.

265	0,21	32,3
2	4	3
. 10	0,84	. 0,9
12 .		96
4 . .		96,9
530		

Allgemein. $az^{-1} + bz^{0} + cz^{1} + dz^{2}$
multipl. mit n

$$naz^{-1} + nbz^{0} + ncz^{1} + ndz^{2}$$

So läßt sich daraus die Regel abnehmen: Um Zahlen, welche aus Zahlen verschiedener Ordnungen zusammengesetzt sind, mit einer gewissen Zahl zu multipliciren, muß man . . .

3) der Ordnungszahlen:

10, 100, 1000. . . . 0,1, 0,01, 0,001, ...

§. 83. Da eine Zahl einer höhern Ordnung 10mal, die einer zweimal höhern 100mal, die einer dreimal höhern 1000mal rc. größer, als die Grundzahl ist, und auf gleiche Weise die Zahlen einer 1, 2, 3 . . . mal tiefern Ordnung, 10, 100, 1000 . . . mal kleiner, so folgt, daß, wenn man eine Zahl, z. B. 6, erheben will

z. nächst höhern (60), so mult. man sie mit . . .
z. 2mal höhern (600), " " . . .
z. 3mal höhern (6000), " " . . .
u. s. w.

Und soll man eine Zahl zu tiefern Ordnungen herabsetzen, als 6
z. nächst tief. (0,6), so mult. m. sie mit . . .
z. 2mal tief. (0,06), " " . . .
z. 3m. tief. (0,006), " " . . .
u. s. w.

Da man also bei diesen Operationen weiter nichts zu thun hat, als Nullen hinter oder vor die Zahl zu setzen, wodurch man die Zahlen in höhere oder tiefere Stellen rückt, so ergiebt sich daraus die Regel: Wenn man eine Zahl n mit 10, 100, 1000 . . . zu multipliciren hat, so . . .

Beispiele.

$8 \times 1000 = \ldots$; $14 . 1000 = \ldots$
$9 \times 100 = \ldots$; $35 . 100 = \ldots$
$4 \times 0{,}01 = \ldots$; $127 . 0{,}01 = \ldots$
$13 \times 0{,}001 = \ldots$; $46 . 0{,}001 = \ldots$

Anmerk. Ist der Multiplicandus schon eine Zahl höherer Ordnung, als $30 \times 10 = 300$, $30 \times 20 = 600$ u. s. w., so leuchtet ein, daß man ihn soviel Nullen anhängen muß, als . . .

4) mit zusammengesetzten Zahlen in Rücksicht ihrer Ordnungen.

§. 84. Dem gemäß giebt die Multiplication
a) der Einer mit Zehnern ($1 . 10 = 10^1$), . . .
" Zehner " Zehnern ($10^1 . 10^1 = 10^2$), . . .
" Zehner " Hundert. ($10^1 . 10^2 = 10^3$), . . .
u. s. w.

Allgemein, wenn m und n die Ordnungszahlen verschiedener Ordnungen sind $10^m . 10^n = 10^{(m+n)}$; d. h. das Product aus 2 ganzen decadischen Zahlen steigt zu demjenigen Ordnungswerthe empor, . . .

β) Deßgleichen auf der andern Seite die Multiplication der Einer mit 10theilen ($1 \quad .10^{-1} = 10^{-1}$), . . .
- 10theile m. 10theilen ($10^{-1}.10^{-1} = 10^{-2}$), . . .
- 10theile m. 100theil. ($10^{-1}.10^{-2} = 10^{-3}$), . . .

u. s. w.

Allgem. $10^{-m}.10^{-n} = 10^{-(m+n)}$, d. h. . . .

γ) Treffen aber Factoren entgegengesetzter Ordnungen, steigender und fallender, zusammen, d. i. sollen ganze Decimalzahlen mit Decimalbrüchen multiplicirt werden, und umgekehrt, so müssen die Zahlen der steigenden Ordnungen die der fallenden, und umgekehrt, tilgen; dann geben

Zehner mit Zehntheilchen ($10^1.10^{-1} = 10^0 \quad = 1$) . . .

Hunderte - - ($10^2.10^{-1} = 10^{2-1} = 10^1$) . . .

Tausende - - ($10^3.10^{-1} = 10^{3-1} = 10^2$) . . .

Zehner mit Hunderttheilchen. ($10^1.10^{-2} = 10^{1-2} = 10^{-1}$) . . .

Hunderte - - ($10^2.10^{-2} = 10^{2-2} = 10^0$) . . .

Tausende - - ($10^3.10^{-2} = 10^{3-2} = 10^1$) . . .

u. s. w.

Allgem. $10^{+m}.10^{-n} = 10^{m-n}$, d. h. . . .

α) Ganzer Decimalzahlen mit Ganzen.

§. 85. Wenden wir nun die §. 81. bis 84. entwickelten Gesetze der Multiplication auf nach ihren Ordnungswerthen gestellte Zahlen an, so werden sich die allgemeinen Regeln leicht ableiten lassen. Es sey

der Multiplicandus: 4876 = 4000 + 800 + 70 + 6
der Multiplicator: 437 = 400 + 30 + 7

$$
\begin{array}{rrrrrr}
= 4000 + & 800 + & 70 + & 6 & & \\
= 400 + & 30 + & 7 & & & \\
\hline
1\,600\,000 + & 320\,000 + & 28\,000 + & 2\,400 & & \\
 & + 120\,000 + & 24\,000 + & 2\,100 + & 180 & \\
 & & + 28\,000 + & 5\,600 + & 490 + & 42 \\
\hline
1\,600\,000 + & 440\,000 + & 80\,000 + & 10\,100 + & 670 + & 42
\end{array}
$$

und wenn man sie nach ihren Ordnungswerthen zusammensetzt:

$$
\begin{array}{r}
1\,600\,000 \\
440\,000 \\
80\,000 \\
10\,100 \\
670 \\
42 \\
\hline
\end{array}
$$

so ist das Product = 2 130 812

Allgemein sey mit steigenden Ordnungen der

Multiplicand. $az^1 + bz^2 + cz^3 \ldots\ldots\ldots xz^n$

Multiplctr. $= ez^2 + fz^3$

$$aez^3 + bez^4 + cez^5 \ldots\ldots\ldots exz^{n+2}$$

$$afz^4 + bfz^5 + cfz^6 \ldots\ldots fxz^{n+3}$$

$$aez^3 + (be + af)z^4 + (ce + bf)z^5 + cfz^6 \ldots exz^{n+2} + fxz^{n+3}$$

Multiplicandus. $az^n + bz^{n+1} \ldots\ldots yz^{n+1}$

Multiplicator. $dz^n + ez^{n+1}$

$$adz^{2n} + bdz^{2n+1} \ldots\ldots\ldots + dyz^{2n+1}$$

$$aez^{2n+1} + bez^{2n+2} \ldots\ldots + eyz^{2n+1}$$

$$adz^{2n} + (bd + ae)z^{2n+1} + bez^{2n+2} + dz^{2n+1} + eyz^{2n+1+1}$$

So geht für die Multiplication ganzer nach Ordnungen zusammengesetzter Zahlen die allgemeine Regel hervor: ...

Um aber das Schreiben vieler Nullen zu ersparen, so schreibt man entweder die Vielfachen jedes einzelnen Theils der Factoren nach ihren Ordnungswerthen untereinander und addirt dann, oder man nimmt auch sogleich die Zahlen höherer Ordnung zu dem nächsten Producte, wobei man jedoch gebunden ist, bei der kleinern Ordnung, mithin zur Linken anzufangen; als: entweder

```
 4876           oder kürzer  4876
  437                         437
-------                     -------
16.....                      34132
.32....                     14628
..28...                    19504
...24..                    -------
.12....                    2130812
..24...
...21..
....18.
..28...
...56..
....49.
.....42
-------
2130812
```

Anmerk. 1. Wie das Product einfacher Zahlen niemals weniger als $2 - 1 = 1$ Ziffer (Zahlstelle) $(2 . 2 = 4)$ und auch nicht über 2 (denn $9 . 9 = 81$) hat, so bekommen Producte aus Factoren, welche zusammen 6 Ziffern haben, nicht unter $6 - 1 = 5$ und nicht über 6 Ziffern. Hat daher ein Factor m Ziffern, der andere n Ziffern, so hat das Product nicht unter $(m + n) - 1$, und nicht über $m + n$ Ziffern oder Zahlstellen.

Anmerk. 2. Wie die decadischen Zahlen, so multiplicirt man auch die Zahlen anderer Zahlsysteme, z. B.

decadisch.	dyadisch.	tetradisch.
461 =	111001101 =	13031
37 =	100101 =	211
3227	111001101	13031
1383	111001101	13031
	111001101	32122
17057 =	100001010100001 =	10022201

so auch triadisch, pentadisch, ꝛc.

β) Decimalbrüche mit Decimalbrüchen.

§. 86. Auf gleiche Weise wird sich für die Multiplication mit Decimalbrüchen, bei welchen (nach §. 84. β.) das Product zu einer so tiefen Ordnung herabsteigt, als die Ordnungen beider Factoren zusammen machen, eine allgemeine Regel ableiten lassen. Die Factoren seyen

0,873	0,572	0,0213
0,6	0,64	0,429
0,5238	0,02288	1917
	0,3432	426
	0,36608	852
		0,0091377

Allgemein.

$$\begin{array}{llll}
az^{-1} + bz^{-2} & + \ldots\ldots\ldots & xz^{-n} & \\
dz^{-1} + ez^{-2} & & & \\
\hline
adz^{-2} + bdz^{-3} & + \ldots\ldots\ldots & dxz^{-(n+1)} & \\
\quad aez^{-3} & + bez^{-4} + \ldots\ldots & & exz^{-(n+2)} \\
\hline
adz^{-2} + (bd+ae)z^{-3} + bez^{-4} \ldots\ldots & + dxz^{-n+1} + exz^{-(n+2)} & &
\end{array}$$

Regel. Man verfährt daher bei der Multiplication mit Decimalbrüchen ...

Anmerk. Nicht selten tritt der Fall ein, daß man der kleinsten Theilchen eines solchen Products, mithin der letzten Decimalstellen, nicht bedarf. Um sich daher auch die Rechnung zu ersparen, fängt man zur Rechten an zu multipliciren, und schreibt bei der nächsten Zahl die höhern des Products unter die vorigen. Man nennt dieses abgekürzte Multiplication (multipl. contracta). Z. B.

a) bis Tausendtheile.	b) bis Milliontheilchen.
0, 375	0,7698
0, 43	0,5432
0,128 . .	0,35050 . . .
0,(22). .	(344) . .
9 . .	28462 . .
0,159 . .	(233) . .
	2187 . .
	(12). . .
	142 . .
	(1). . .
	0,410151 . . .

Es leuchtet ein, daß das Product um ein weniges zu klein bleibt. Oft nimmt man daher die letzte Zahl um 1 größer, wodurch aber das Product um ein Theilchen wieder zu groß wird.

γ) Ganze Decimalzahlen mit Decimalbrüchen.

§. 87. So muß sich nun auch mit Rücksicht des Obigen (§. 84. γ.) das Verfahren bei der Multiplication ganzer Decimalzahlen mit Decimalbrüchen, und umgekehrt, ergeben. Da das Komma die Brüche von dem Ganzen scheidet, so ist das Setzen desselben deshalb von der meisten Wichtigkeit.

789	0,479	14,582
0,34	352	7,24
31,56	0,958	0,58 328
236,7	23,95	2,91 64
268,26	143,7	102,07 4
	168,608	105,57 368

Allgemein.

$$\begin{array}{lllll}
az^{1} + bz^{2} & + cz^{3} \;.\;.\;. & vz^{n} & & \\
ez^{-2} + fz^{-1} & & & & \\
\hline
aez^{-1} + bez^{0} & + cez^{1} \;.\;. & + evz^{(n-2)} & & \\
\quad\quad afz^{0} & + bfz^{1} & + cfz^{2} & .\;.\;.\;.\;. & + fvz^{(n-1)} \\
\hline
aez^{-1} + (be + af)z^{0} & + (ce + bf)z^{1} & + cfz^{2} \;.\;.\;.\;. & evz^{(n-2)} & + fvz^{(n-1)}
\end{array}$$

Regel. . . .

Anmerk. Um sich von der Richtigkeit der Multiplication zu überzeugen, so darf man nur mit dem Producte die entgegengesetzte Operation vornehmen, d. h. . . .

d) Division

1) der Zahlen überhaupt.

§. 88. Die Division im allgemeinen besteht (nach §. 31. b.) in der Eintheilung des Dividendus nach dem Divisor, als dem Maaße, um zu erkennen, wievielmal dieser in jenem enthalten ist. Es ist daher die Division der Zahlen eine Untersuchung, wievielmal die Zahl des Divisors in der des Dividends enthalten ist. Aber wie wir oben im allgemeinen gesehen haben (§. 30.), daß Größen nach andern entweder genau eingetheilt werden können (d. i. commensurabel), oder nicht (d. i. incommensurabel sind), so kann dieß auch bei den Zahlen der Fall seyn; d. h. es giebt Zahlen, welche sich nach gewissen andern völlig eintheilen lassen, und solche, bei welchen es nicht genau geschehen kann. Dieß läßt sich schon aus einer genauen Betrachtung der Pythagorischen Rechentafel (§. 81.) ersehen. Z. E. 6 läßt sich dividiren durch 2 und 3, 14 durch 2 und 7, 36 durch 4, 6, 9, 12 ꝛc. Dagegen 5 nicht durch 4, 11 nicht durch 6 ꝛc. Wir beschränken uns zuerst auf das Verfahren mit durch einander völlig theilbaren Zahlen, und es wird dann das für untheilbare durch andere hervorgehen.

Anmerk. Das Zertheilen einer Zahl in ihre Factoren, als $8 = 2 \cdot 4$, $35 = 5 \cdot 7$, $42 = 2 \cdot 3 \cdot 7$ ꝛc., nennt man zerfällen oder zerlegen. In so fern heißt die zu zerfällende Zahl der Dividuus (n. dividuus, ἀριθμος μεριστος), und in Rücksicht ihrer Factoren gemeinschaftlicher Dividuus (dividuus communis). Ist die Zahl ein Product aus 2 Primzahlen, als $35 = 5 \cdot 7$, $77 = 7 \cdot 11$ ꝛc., so heißt sie der kleinste gemeinschaftliche Dividuus (divid. comm. minimus) für diese.

2) zusammengesetzter Zahlen.

§. 89. Wir haben ferner oben (§. 33.) erkannt, daß, wenn Größen als Summen mehrerer Theile ausgedrückt sind, jeder der Theile durch den Divisor getheilt werden müsse. Sollen daher Zahlen, welche aus andern von verschiedener Ordnung wie Theile zu einem Ganzen zusammengesetzt sind (als $663 = 600 + 60 + 3$; $14{,}86 = [10 + 4 + 0{,}8 + 0{,}06]$ ꝛc.) dividirt werden, so muß jenes Gesetz auch für Zahlen gelten, die aus Zahlen verschiedener Ordnungen bestehen.

Z. B. 1) Ganze.

$$663 : 3 = \frac{600}{3} + \frac{60}{3} + \frac{3}{3} = 200 + 20 = 1 = 221$$

2) Brüche.

$$0{,}804 : 4 = \frac{0{,}8}{4} + \frac{0{,}004}{4} = 0{,}2 + 0{,}001 = 0{,}201$$

3) Ganze und Brüche.

$$14{,}86 : 2 = \frac{14}{2} + \frac{0{,}8}{2} + \frac{0{,}06}{2} = 7 + 0{,}4 + 0{,}03 = 7{,}43$$

Kürzer.

1) $663 : 3 = \frac{663}{3} = 221$

2) $0{,}804 : 4 = \frac{0{,}804}{4} = 0{,}201$

3) $14{,}86 : 2 = \frac{14{,}86}{2} = 7{,}43$

Allgemein.

$$(anz^1 + bnz^2 + cnz^3) : n =$$
$$= \frac{anz^1}{n} + \frac{bnz^2}{n} + \frac{cnz^3}{n} + \frac{dnz^4}{n} =$$
$$= az^1 + bz^2 + cz^3 + dz^4.$$

$$(amz^n + bmz^{n+1} + cmz^{n+2} \ldots \; xmz^{(n+r)}) : m$$
$$= \frac{amz^n}{m} + \frac{bmz^{n+1}}{m} + \frac{cmz^{n+2}}{m} \ldots \; \frac{xmz^{(n+r)}}{m} =$$
$$= az^n + bz^{n+1} + cz^{n+2} \ldots\ldots \; xz^{(n+r)}$$

So tritt hieraus das allgemeine Gesetz für die Division der zusammengesetzten Zahlen verschiedener Ordnungen hervor: . . .

3) der Ordnungszahlen:

10; 100; 1000 ꝛc. 0,1; 0,01; 0,001 u. s. f.

§. 90. Bei der **Multiplication** mit den Ordnungszahlen (§. 83.) sahen wir, daß man bei denen der *steigenden* Ordnungen eben so viele Nullen *anhängen* mußte, als der Multiplicator Nullen hat, wodurch die Zahl um ebensoviele Stellen höher gestellt wird; bei denen der *fallenden* aber eben so viele Nullen *vorzusetzen* waren, weil die Zahl dadurch um soviele Stellen herabgesetzt wird. Da nun die *Division* die gerade *entgegengesetzte* Operation ist, so muß auch bei ihr das Entgegengesetzte Statt finden: d. h. bei der Division mit Zehnern, Hunderten, Tausenden ꝛc. müssen die Zahlen 10, 100, 1000 . . . mal *kleiner* und mit Zehn-, Hundert-, Tausend- ꝛc. Theilen um 10, 100, 1000 . . . mal *größer* werden. Z. B.

$3600 : 10 = \frac{3600}{10} = 360$; $3600 : 0{,}1 = 36000$
$3600 : 100 = \frac{3600}{100} = 36$; $3600 : 0{,}01 = 360000$
$3600 : 1000 = \frac{3600}{1000} = 3{,}6$; $360 : 0{,}1 = 3600$
$360 : 1000 = \frac{360}{1000} = 0{,}36$; $36 : 0{,}1 = 360$
$36 : 1000 = \frac{36}{1000} = 0{,}036$; $36 : 0{,}01 = 3600$

. .
. .
. .

$4536 : 100 = \frac{4536}{100} = 45{,}36$; $45{,}36 : 0{,}01 = 4636$

u. s. w.

Es ergiebt sich daher hieraus die Regel: . . .

Anmerk. Es leuchtet dabei von selbst ein, daß wenn sich im Dividend und Divisor eine gewisse Anzahl Nullen befinden, als:

$\frac{53\emptyset\emptyset}{1\emptyset\emptyset} = 53$; $\frac{24\emptyset}{30\emptyset} = \frac{24}{30}$; $\frac{80\emptyset\emptyset}{20\emptyset} = \frac{80}{2} = 40$

$\frac{0{,}3}{0{,}5} = \frac{3}{5}$; $\frac{0{,}02}{0{,}4} = \frac{0{,}2}{4} =$; $\frac{0{,}06}{0{,}003} = \frac{6}{0{,}3}$;

man . . .

4) zusammengesetzter Zahlen, in Rücksicht ihrer Ordnungen.

§. 91. Dem gemäß lassen sich nun auch die Gesetze der Division der nach Ordnungen zusammengesetzten Zahlen ableiten. Aber da sehr viel darauf ankommt, ob der Dividend oder Divisor eine Zahl höherer Ordnung ist, so ist hier eine doppelte Unterscheidung nöthig.

α) Wenn beide Factoren Ganze sind und
1) der Divisor kleiner, als der Dividendus,

so sind

Einer in Zehnern $\left(\frac{10}{1} = \frac{10^1}{10^0} = 10^1\right)$ . . .

Zehner in Hunderten $\left(\frac{100}{10} = \frac{10^2}{10^1} = 10^1\right)$ ...

Zehner in Tausenden $\left(\frac{1000}{10} = \frac{10^3}{10^1} = 10^2\right)$ ...

Hunderte in Tausenden $\left(\frac{1000}{100} = \frac{10^3}{10^2} = 10^1\right)$ ...

u. s. w. enthalten.

Allgem. Wenn $m > n$; $10^m : 10^n = 10^{m-n}$, d. h. ...

2) der Divisor größer als der Dividend.

Zehner in Einern $\left(\frac{1}{10} = \frac{10^0}{10^1} = 10^{-1}\right)$ ...

Hunderte in Zehnern $\left(\frac{10}{100} = \frac{10^1}{10^2} = 10^{-1}\right)$ ...

Tausende in Zehnern $\left(\frac{10}{1000} = \frac{10^1}{10^3} = 10^{-2}\right)$ ...

u. s. w. enthalten.

Allgem. $10^n : 10^m = 10^{(n-m)}$, wo $m > n$, mithin nach der Vergleichung des n und m von m ein Ueberschuß bleibt. Es kommt daher der Quotient ...

β) Wenn beide Factoren Decimalbrüche sind und

1) der Divisor kleiner als der Dividend; so sind

Hunderttheile in Zehntheilen $\left(\frac{0,1}{0,01} = \frac{10^{-1}}{10^{-2}} = 10^1\right)$ ...

Tausendtheile in Zehntheilen $\left(\frac{0,1}{0,001} = \frac{10^{-1}}{10^{-3}} = 10^2\right)$ ...

Tausendtheile in Hunderttheilen $\left(\frac{0,01}{0,001} = \frac{10^{-2}}{10^{-3}} = 10^{1}\right)$ ...

u. s. w. enthalten.

Allgem. $10^{-m} : 10^{-n} = 10^{(m-n)}$

Es wird daher in diesem Falle der Quotient ...

2) der Divisor größer als der Dividend; so sind

Einer in Zehntheilen = $\left(\frac{0,1}{1} = \frac{10^{-1}}{10^{0}} = 10^{-1}\right)$ ...

Zehntheile in Hunderttheile $\left(\frac{0,01}{0,1} = \frac{10^{-2}}{10^{-1}} = 10^{-1}\right)$ ...

Zehntheile in Tausendtheile $\left(\frac{0,001}{0,1} = \frac{10^{-3}}{10^{-1}} = 10^{-2}\right)$ ...

Zehntheile in Zehntausendth. $\left(\frac{0,0001}{0,1} = \frac{10^{-4}}{10^{-1}} = 10^{-3}\right)$ ...

u. s. w. enthalten.

Allgem. $10^{-n} : 10^{-m} = 10^{-(m-n)}$, d. h. der Quotient ...

γ) Wenn Factoren von entgegengesetztem Ordnungswerthe zusammentreffen, und

1) der Dividendus eine ganze Zahl der Divisor ein Decimalbruch, so sind

Zehntheile in Zehnern $\left(\frac{10}{0,1} = \frac{10^{1}}{10^{-1}} = 10^{2}\right)$ ...

Zehntheile in Hunderten $\left(\frac{100}{0,1} = \frac{10^{2}}{10^{-1}} = 10^{3}\right)$ ...

Hunderttheile in Zehnern $\left(\frac{10}{0{,}01} = \frac{10^1}{10^{-2}} = 10^3\right)$ . . .

u. s. w.

Allgem. $10^m : 10^{-n} = 10^{m+n}$, d. h. der Quotient . . .

2) der Dividend ein Decimalbruch, der Divisor eine ganze Zahl; so sind

Zehner in Zehntheilen $\left(\frac{0{,}1}{10} = \frac{10^{-1}}{10^1} = 10^{-2}\right)$ . . .

Zehner in Hunderttheilen $\left(\frac{0{,}01}{10} = \frac{10^{-2}}{10^1} = 10^{-3}\right)$ . . .

Zehner in Tausendtheilen $\left(\frac{0{,}001}{10} = \frac{10^{-3}}{10^1} = 10^4\right)$ . . .

u. s. w.

Allgem. $10^{-m} : 10^n = 10^{-(m+n)}$, d. h. der Quotient . . .

Anwendung dieser Gesetze.

§. 92. Gemäß diesen entwickelten Gesetzen der Division der nach Ordnungen zusammengesetzten Zahlen werden sich nun aus einzelnen Beispielen die Regeln der Operation selbst ableiten lassen, und zwar

α) bei ganzen Decimalzahlen mit ganzen.

Der Dividendus sey $= 4899 = 4000 + 800 + 90 + 9$,
der Divisor $\;\; = \;\; 23 = \;\; 20 + 3$, mithin

Divisor.	Dividend.	Quotient.
$20 + 3$	$4000 + 800 + 90 + 9$	$200 + 10 + 3$
	$4000 + 600$	
	# $\quad 200 + 90$	
	$200 + 30$	
	# $\quad 60 + 9$	
	$60 + 9$	
	# $\quad$ #	

Allgemein.

Divisor.	Dividend.	Quotient.
$ez^2 + fz^3$	$aez^3 + (be + af)z^4 + (ce + bf)z^5 + dfz^6$	$az + bz^2 + cz^3$
	$aez^3 \quad afz^4$	
	# $\quad bez^4$ # $+ (ce + bf)z^5$	
	$bez^4 \quad + \quad bfz^5$	
	# $\quad cez^5$ # $+ dfz^6$	
	$cez^5 \quad + dfz^6$	
	# $\quad$ #	

Divisor.	Dividend.						Quotient.
400 + 30 + 7	1600000	+ 440000	+ 800 00	+ 10100	+ 670	+ 42	4000 + 800 + 70 + 6
	1600000	+ 120000	+ 28000	.	.	.	(§. 85.)
	#	320000	+ 52000	+ 10100	.	.	
		320000	+ 24000	+ 5600	.	.	
		#	28000 +	4500	+ 670	.	
			28000 +	2100	+ 490	.	
			# +	2400	+ 180	+ 42	
				2400	+ 180	+ 42	
				#	#	#	

Divisor.	Dividend.				Quotient.
$dz^n + ez^{n+1}$	adz^{2n}	$+ (bd + ae)z^{(2n+1)}$	$+ (cd + be)z^{(2n+2)}$	$+ cez^{(2n+3)}$	$az^n + bz^{(n+1)} + cz^{(n+2)}$
	$adz^{2n} +$	$aez^{(2n+1)}$	=	=	
	#	$bdz^{(2n+1)}$ =	$+ (cd + be)z^{(2n+2)}$	=	
		$bdz^{(2n+1)}$ =	$+ bez^{(2n+2)}$	=	
		#	$cdz^{(2n+2)}$	$+ cez^{(2n+3)}$	
			$cdz^{(2n+2)}$	$+ cez^{(2n+3)}$	
			#	#	

Hieraus fließt die allgemeine Regel für die Division zusammengesetzter ganzer Zahlen: . . .

Um jedoch das Schreiben vieler Nullen zu ersparen, verfährt man kürzer, indem man die Zahlen sogleich geordnet schreibt, als:

```
23 | 4899 | 213 . 437 | 2130812 | 4876
      46..              1748...
     ------            ---------
      29.               3818..
      23.               3496..
     ------            ---------
      69                 3321.
      69                 3059.
     ------            ---------
      #                   2622
                          2622
                       ---------
                            #
```

Kürzer mit Ausstreichen.

```
23 | 4899 | 213 . 437 | 2130812 | 4876
     26                 51222
                        48814
                        3636
                         352
                          3
                          2
```

Anmerk. 1. Wenn die Zahl der höchsten Ordnung im Dividendus kleiner, als die im Divisor, mithin diese nicht in jener enthalten ist, so geht man zur nächsten Ordnung und nimmt beide zusammen.

```
5 | 345 | 69          32 | 11104 | 347
     30                      96.
    ----                    -----
     45                      150
     45                      128
    ----                    -----
      0                      224
                             224
                            -----
                              0
```

Anmerk. 2. Ohne das Einmaleins zu gebrauchen, kann man auch die Division durch die Addition und Subtraction verrichten. Soll z. B. 3125 durch 25 dividirt werden, so bildet man durch Addition zuerst die Vielfachen des Divisors 25 bis 9, und zieht dann immer die höchste dieser Vielfachen, welche von den gehörigen Zahlen des Dividendus abgezogen werden kann, ab. Die Zahlen der Vielfachen geben die Quotienten. Z. B.

25	1
50	2
75	3
100	4
125	5
.	.
.	.
.	.

3125 | 125
25..
62.
50.
125
125
0

Anmerk. 3. Nach jener Regel dividirt man auch nach andern Zahlensystemen, als:

1) decadisch. 2) dyadisch. 3) tetradisch.

6 | 42 | 7 = 110 | 101010 | 111 = 12 | 222 | 13

1) 42 / 42 / #

2) 110.. / 1001. / 110. / 110 / 110 / 0

3) 12 / 102 / 102 / 0

β) Decimalbrüche mit Decimalbrüchen.

§. 93. Eben so ergiebt sich auch die Regel für die Division mit Decimalbrüchen, bei welchen (§. 91. β.) der Quotient zu einer so hohen Ordnung steigt oder fällt, als der Unterschied der Werthe beider Factoren ist.

```
0,6 | 0,5238 | 0,873 . 0,54 | 0,09288 | 0,172
      48..                        54..
      ----                        ----
      438                         388.
      42.                         378.
      ----                        ----
       18                          108
       18                          108
      ----                        ----
        0                            0
```

Allgemein.

$(\text{Div. } dz^{-1} + ez^{-2})$ $\quad$ $(\text{Quot. } az^{-1} + bz^{-2} + cz^{-3})$

$adz^{-2} + (bd + ae)z^{-3} + (cd + be)z^{-4} + cez^{-5} \mid$

$adz^{-2} + \quad aez^{-3}$

$\# \quad bdz^{-3} : + (cd + be)z^{-4}$

$\quad bdz^{-3} : + \quad bez^{-4}$

$\quad \# \quad + cdz^{-4} : + cez^{-5}$

$\quad cdz^{-4} : + cez^{-5}$

$\quad \# \quad \#$

Regel. Man verfährt daher bei der Division der Decimalbrüche ...

γ) Ganze mit Decimalbrüchen und umgekehrt.

§. 94. Bei der Division systematisch geordneter Zahlen, steigender und fallender Ordnungswerthe, aber giebt der Umstand, ob der Dividendus oder der Divisor ein Ganzes oder Decimalbruch ist, wie wir §. 91. gesehen haben, einen zu wichtigen Unterschied, als daß wir nicht beide Fälle sondern müssen.

1) Ganze mit Brüchen.

0,243 | 176175 | 725000
1701 . .
: 6075
486 .
1215
1215
0

Allgemein.

(Div. $dz^{-2} + ez^{-1}$) (Quot. $az^3 + bz^4 + cz^5$)

$adz^1 + (bd + ae)z^2 + (be + cd)z^3 + cez^4$ |
$adz^1 +$. aez^2 . . .
$+ bdz^2$: $+ bez^3$ . .
bdz^2 $+ bez^3$ . .
$cdz^3 + cez^4$
$cdz^3 + cez^4$
# #

Regel. . . .

2) Brüche mit Ganzen.

243 | 0,176175 | 0,000725
1701 . .
607 .
486 .
1215
1215
0

Allgemein.

$$
\begin{array}{llllllll}
(\text{Div. } dz^2 + ez^1) & & & (\text{Quot. } az^{-3} + bz^{-4} + cz^{-5} \\
adz^{-1} + (bdz + ad)z^{-2} + (be + cd)z^{-3} + cez^{-4} \mid \\
adz^{-1} + \quad adz^{-2} \quad . \quad . \quad . \\
\hline
\# \quad + bdz^{-2} \quad \# \quad + bez^{-3} \quad . \quad . \\
\quad + bdz^{-2} \quad\quad + bez^{-3} \quad . \quad . \\
\hline
\quad \# \quad\quad \# \quad cdz^{-3} + cez^{-4} \\
\quad\quad\quad\quad cdz^{-3} + cez^{-4} \\
\hline
\quad\quad\quad\quad \# \quad \#
\end{array}
$$

Regel. . . .

Anmerk. 1. Um Irrthum bei der Division in allen diesen Fällen zu vermeiden, kann man sich noch eines besondern Kunstgriffs bedienen. Denn wenn man den Dividend und den Divisor um gleichviel Ordnungen erhöht oder herabsetzt, so muß der Quotient immer derselbe bleiben, als

$$\frac{4}{2} = \frac{40}{20} = \frac{400}{200} = \frac{0,4}{0,2} = 2,$$

$$\frac{0,108}{36} = \frac{1,08}{360} = \frac{10,8}{3600} = \frac{108}{36000} = 0,003,$$

und umgekehrt, mithin obige Beispiele

a) $\frac{176175}{0,243} = \frac{176175000}{243} = 725000$

b) $\frac{0,176175}{243} = \frac{0,000176175}{0,243} = 0,000725$

Der Kunstgriff besteht daher darin, daß man,

a) wenn der Divisor ein Decimalbruch ist, . . .

b) wenn der Dividend ein Decimalbruch ist, . . .

Anmerk. 2. Da die entgegengesetzte Operation der Division die Multiplication ist, so ersieht man leicht, daß die Probe der Richtigkeit der Division . . .

$$\begin{array}{r|r|l} 4{,}31 & 227{,}568 & 5\,2{,}8 \\ & \underline{215{,}5\,..} & \\ & 12{,}06\,. & \\ & \underline{8\,62\,.} & \\ & 3{,}448 & \\ & \underline{3{,}448} & \\ & 0 & \end{array} \qquad \begin{array}{r} 5\,2{,}8 \\ \underline{4{,}31} \\ 0{,}5\,28 \\ 15{,}8\,4 \\ \underline{211{,}2} \\ 227{,}568 \end{array}$$

Allgemein.

(Div. $dz^2 + ez^1$)

$$\begin{array}{llll} adz^{-1} + (bd + ad)z^{-2} + bez^{-3} & | \; az^{-3} + bz^{-4} \\ \underline{adz^{-1} + \quad adz^{-2} \quad ,} & \\ \# \quad bdz^{-2} \quad + bez^{-3} & \\ \quad \underline{bdz^{-2} \quad + bez^{-3}} & \\ \quad \# \qquad\quad \# & \end{array}$$

Probe.

$$\begin{array}{l} az^{-3} + bz^{-4} \\ \underline{dz^2 \;\; + ez^1} \\ adz^{-1} + bdz^{-2} \\ \underline{\qquad\quad + aez^{-2} \qquad + bez^{-3}} \\ adz^{-1} + (bd + ae)z^{-2} + bez^{-3} \end{array}$$

Anmerk. 3. Besonders merkwürdig ist die Division mit 9. Wir haben oben (§. 76.) gesehen, daß die Ziffern der Producte von 9 zusammen wieder 9 oder Vielfache von 9 machen. Umgekehrt müssen sich daher auch Zahlen, deren Einzelne Vielfache von 9 sind, mit 9 ohne Rest dividiren lassen; und wenn die zusammenaddirten Einzelnen mehr als ein Vielfaches von 9 sind $(9n + r)$, derselbe Ueberschuß (r) auch nach der Division mit 9 erscheinen.

$$\left(\frac{9n + r}{9} = n + \frac{r}{9}\right),$$

z. B. $5+4+7+2=18=2.9$; $8+6+7+9=30=27+3=3.9+3$;

```
9 | 5472 | 608;        9 | 8679 | 964
    54..                   81..
   -----                  -----
    #72                    57.
     72                    54.
   -----                  -----
     #                      39
                            36
                           ----
                             3
```

Hat man daher eine Zahl mit 9 dividirt, so läßt sich die Probe sogleich so machen, daß man . . .

Es gehört dieser zu den Kunstgriffen, welche man für alle Rechenoperationen unter dem Namen Neunerprobe (pr. novenarii) umfaßt, welche jedoch außer diesem Falle weder die Mühe lohnend, noch allgemein gültig sind.

Hier verdient noch bemerkt zu werden, daß, gemäß der (§. 76.) dargestellten Eigenschaft der 9 und ihrer Vielfachen, die Differenz zweier Zahlen, welche ebendieselben Ziffern, aber versetzt, enthalten, ebenfalls durch 9 ohne Rest theilbar ist. Z. E. $1816-1618=198=22.9$; $1816-1168=648$; $\frac{648}{9}=72$.

Fortgesetzte Division.

§ 95. Wir haben nun die Verfahrungsarten der Division mit decadischen Zahlen aller Fälle in Hinsicht der Ordnungswerthe kennen gelernt. Allein die gebrauchten Beispiele enthalten blos Zahlen, welche sich durcheinander ohne Rest dividiren lassen (d. i. commensurabel sind). Es ist daher die Frage übrig, wie man verfährt, wenn die Factoren incommensurabel sind, mithin die Division nicht aufgeht; als $13:6=2+\frac{1}{6}$, $18:5=3+\frac{3}{5}$?

Aus §. 29. ist bekannt, daß man ein immer kleineres Maaß wählen müsse, um diejenige Größe zu finden, nach welcher zwei andere eingetheilt werden können. Da nun im decadischen Systeme die Werthe der Zahlen von zehn zu zehn auf und absteigen und das Verfahren des Dividirens damit in nothwendiger Verbindung steht, so folgt, daß die übriggebliebene Zahl [welche, wenn der Divisor d heißt, nicht über (d — 1) seyn kann,] zur nächst kleinern Ordnung herabgesetzt werden müsse. In obigem Beispiele $18:5 = 3 + \frac{3}{5}$ wird daher der Rest, 3 Einer, als 30 Zehntheilchen gedacht und durch 5 dividirt, welches 0,6 giebt, daher $18:5 = 3,6$ ist. Geht aber die Rechnung noch nicht auf, so verfährt man wieder mit dem Reste auf gleiche Weise, als 13 : 6

```
6 | 13 | 2,166 . . . 25 | 521,2 | 20,848
    12                    50. .
   -----                 -------
    1,0                   21,2
     6                    20,0
   -----                 -------
    0,40                   1,20
     36                    1,00
   -----                 -------
    0,040                 20,0
    ff.                   20,0
                         -------
                            #
```

Dieses Verfahren nennt man die fortgesetzte Division, wofür sich aus gegenwärtiger Darstellung die Regel ergiebt: . . .

Anmerk. Um die Rechnung, wodurch die kleinern Theilchen, deren man nicht bedarf, herauskommen, zu ersparen, kann man die Division auf ähnliche Weise abbrechen, wie die Multiplication. Man nennt sie dann abgekürzte Division (divisio contracta), als:

```
0,214 . . . | 3,14159 . . . | 14,6803 . . .
              2,14. . . . . .
              1,001 . . . . .
               856. . . . .
               1455 . . . .
               1284 . . . .
                1719 . . .
                1712 . . .
                   7 . . .
                   6 . . .
                   1 . . .
```

Die letzte Zahl des Quotienten kann man ebenfalls um 1 vergrößern, wie §. 86. Anm.

Multiplication und Division mit benannten Zahlen.

§. 96. Ebendieselben Regeln, welche für die Multiplication und Division der Zahlen eines gewissen Systems gelten, gelten auch für alle Systeme der Maaße, auf welche jene angewendet werden; wo dann die mit den Namen der Maaße verbundene Zahlen **benannte Zahlen** heißen (§. 80.)

1) Multiplication.

Sollen 12 Thl. 15 Gr. 9 Pf. 8mal genommen werden,

	"	"	8 — so ist das Product:
=	96 Thl.	120 Gr.	72 Pf., und nach der Auflösung:
	(5 Thl.	6 Gr.	— ")
=	102 Thl.	6 Gr.	— "

Allgem. $3^a. + 7^b. + 9^c. + 8^d.$
Multipl. 6

$18^a + 42^b + 54^c + 48^d$

2) Division.

Es sollen 101 Thlr. 6 Gr. unter 8 Personen vertheilt werden:

8 | 101 Thlr. 6 Gr. — , | 12 Thlr. 15 Gr. 9 Pf.
8 , 120 , 72 Pf.

21 , 126 , 72 ,
16 , 8 , 72

5 Thlr. 46 #
40

6 Gr.

Allgem. 9 | 18a+72b+54c+63d. | 2a+8b+6c+7d
18a+72b+54c+63d

\# # # #

Anmerk. Um sich die Rechnungsoperationen mit decadischen Zahlen zu erleichtern, kann man sich der Neperschen Stäbchen (bacilli, virgulae, lamellae Neperianae) oder der Rechenscheiben bedienen. Auch hat man dazu Rechenmaschinen zu erfinden sich bemüht.

Rechnungsvortheile bei einigen Zahlen.

§. 97. Jene Vortheile, welche bei dem Multipliciren und Dividiren mit den Ordnungszahlen statt finden (§. 83. u. 90.), erstrecken sich auch auf einige andere, welche mit ihnen in Verbindung stehen:

a) mit 5, 50, 500 u. s. w.

5 ist $= \frac{10}{2}$, folglich $4 \cdot 5 = \frac{4 \cdot 10}{2} = \frac{4}{2} \cdot 10 = 2 \cdot 10 = 20$;

allgem. $5n = \frac{10n}{2} = \frac{n}{2} \cdot 10$. Um daher eine Zahl mit 5 zu multipliciren, so ...

b) mit 9, 99, 999 u. s. w.

1) $9 = 10 - 1$; mithin $6.9 = 6.(10-1) = 60 - 6 = 54$ (§. 76.); allgem. $9n = n(10-1) = 10n - n$ Soll man also eine Zahl mit 9 multipliciren, so . . .

2) $99 = (100-1)$; folglich $8.99 = 8(100-1) = 800 - 8 = 792$; allgemein $99n = n(100-1) = 100n - n$ Da man nun bei der Multiplication mit 100 zwei Nullen anhängt, so folgt, daß wenn eine Zahl mit 99 multiplicirt werden soll, . . .

3) $999 = (1000-1)$; daher $15.999 = 15(1000-1) = 15000 - 15$; allgemein $999n = n(1000-1) = 1000n - n$. Hat man also eine Zahl mit 999 zu multipliciren, so . . .

Auf gleiche Weise verfährt man mit 9999, 99999, u. s. w.

c) mit 11, 111, 1111 u. s. f.

1) $11 = (10+1)$, folglich $6.11 = 6.(10+1) = 60 + 6 = 66$; allgem. $11n = n(10+1) = 10n + n$. Soll man eine Zahl mit 11 multipliciren, so . . .

Dieß kann aber bei großen Zahlen kürzer geschehen, wenn man je zwei Zahlen zusammen addirt und die erste (3) vor und letzte (5) hinter setzt. $521 . 11 =$ . . ., $784 . 11 =$ . . .

$$\begin{array}{r} 325 \\ \underline{11} \\ 325 \\ \underline{325} \\ 3575 \end{array}$$

2) Auf gleiche Weise kann man die Multiplication mit 111 abkürzen, . . .

$$\begin{array}{r} 315 \\ \underline{111} \\ 315 \\ 315 \\ \underline{315} \\ 34965 \end{array}$$

3) Und eben so die Multiplication mit 1111, als 3726 $= 4139586$, wo man . . .

d) mit 101, 1001, u. s. w.

1) $101 = 100 + 1$; $101n = (100 + 1)n = 100n + n$; als $101 . 27 = 2700 + 27 = 2727$. Um daher eine Zahl mit 101 zu multipliciren, so . . .

2) $1001 = (1000 + 1)$; $1001n = 1000n + n$, als $36 . 1001 = 36000 + 36 = 36036$. Es gilt daher bei 1001 dieselbe Regel, nur . . .

e) mit 25 und 75.

1) $25 = \frac{100}{4} = \frac{1}{4} . 100$; daher $25 . 16 = \frac{16}{4} . 100 = 4 . 100 = 400$; allgem. $25n = \frac{100n}{4} = 100 . \frac{n}{4}$, d. h. wenn eine Zahl mit 25 multiplicirt werden soll, so . . .

Wenn aber die Zahl n sich nicht durch 4 theilen läßt, sondern 1, 2 oder 3 übrig bleibt, so sind noch besondere Regeln nöthig:

α) Wenn 1 übrig bleibt, so wird, da $\frac{1}{4} . 100 = \frac{100}{4} = 25$, z. Beisp. $13 . 25 = \frac{13 . 100}{4} = \frac{13}{4} . 100 = (3 + \frac{1}{4}) . 100 = 300 + \frac{100}{4} = 325$; anstatt 2 Nullen . . .

β) Wenn 2 übrig bleibt, z. E. $18 . 25 = 18 . \frac{100}{4} = \frac{18}{4} . 100 = (4 + \frac{2}{4}) 100 = 400 + \frac{100}{2} = 450$; so hat man . . .

γ) Wenn 3 übrig bleibt, als $23 . 25 = \frac{23 . 100}{4} = \frac{23}{4} . 100 = (5 + \frac{3}{4}) . 100 = 500 + \frac{300}{4} = 575$; so muß der Anhang seyn . . .

f) mit 15 und 45.

1) $15 = \frac{30}{2}$; folglich $15 . 12 = \frac{30 . 12}{2} = \frac{3 . 12 . 10}{2} = 3 . 6 . 10 = 180$; allgemein $15n = \frac{30n}{2} = \frac{3n}{2} . 10$, d. h. um eine Zahl mit 15 zu multipliciren, . . .

2) $45 = \frac{90}{2}$; mithin $45n = \frac{90n}{2} = \frac{9n}{2} . 10$. Man multiplicirt also die Zahl mit . . .

g) mit $33\frac{1}{3}$ und $66\frac{2}{3}$.

1) $33\frac{1}{3} = \frac{100}{3}$, folglich $(33 + \frac{1}{3}) n = \frac{100n}{3} = \frac{n}{3} . 100$.

Man dividirt also die Zahl durch 3; und wenn

1) die Division aufgeht, als $9 (33 + \frac{1}{3}) = \frac{9}{3} . 100 = 300$, so . . .

2) bleibt 1 übrig, als: $13 (33 + \frac{1}{3}) = \frac{13}{3} . 10 = (4 + \frac{1}{3}) 100 = 433\frac{1}{3}$; so . . .

3) bleibt 2 übrig, als: $26 . 33\frac{1}{3} = \frac{26}{3} . 100 = (8 + \frac{2}{3}) . 100 = 866\frac{2}{3}$, so . . .

2) $66\frac{2}{3} = \frac{200}{3} = \frac{2}{3} . 100$; daher $(66 + \frac{2}{3}) n = \frac{200n}{3} = \frac{2n}{3} . 100$. Man nimmt also die gegebene Zahl doppelt, dividirt sie durch 3 und wenn

1) nichts bleibt, so . . .

2) bleibt 1, so . . .

3) bleibt 2, so . . .

Mehr dergleichen Kunstgriffe siehe im 2ten Lehrgange.

Anm. Auch aus dem oben (§. 76. Alleg.) erwähnten Umstande, daß 10^1 durch 2^1, $10^2 = 100$ durch $2^2 = 4$, $10^3 = 1000$ durch $2^3 = 8$ . . . . 10^n durch 2^n ohne Rest theilbar sind, gehen noch einige vortheilhafte Bemerkungen hervor. Denn eben so werden sich auch $n . 10^1$ durch 2^1, $n . 10^2$ durch 2^2, $n . 10^3$ durch 2^3 rc. ohne Rest theilen lassen müssen, wo dann der Quotient nmal größer wird. Z. B. $\frac{100}{4} = 25$, $\frac{3 . 100}{4} = 3 . 25 = 75$. Stehen nun anstatt der Nullen solche Zahlen, welche ebenfalls durch 2, 4, 8, 16 . . . . völlig theilbar sind, so folgt, daß die ganzen Zahlen ohne Rest getheilt werden können

1) durch 2, als $\frac{56}{2} = 28$, $\frac{374}{2} = 187$ 2c., wenn ...
2) durch 4, als $\frac{1736}{4} = 434$, $\frac{5732}{4} = 1433$ 2c., wenn ...
3) durch 8, als $\frac{5736}{8} = 717$, $\frac{9472}{8} = 1184$ 2c., wenn ...
4) allgem. durch 2^n, wenn ...

B. Von den Zahlen in ihrer gegenseitigen Beziehung,

oder

Von den Verhältnissen.

Einleitung.

§. 98. Aus §. 37. u. f. wissen wir aber ferner, daß Zahlen auch gegen einander in Beziehung gedacht werden können, welche ihr Verhältniß heißt, und sie selbst in so fern die Glieder desselben genannt werden; anderntheils auch, daß der Werth eines Verhältnisses ebenfalls als Größe oder Zahl zu unserer Erkenntniß gelangt, welche man in so fern den Exponenten nennt. Da aber der Werth eines Verhältnisses von den Gliedern desselben abhängt und mit der Veränderung derselben auch verändert wird, so müssen vor allen die Glieder der Verhältnisse der Betrachtung unterworfen werden. Diese zerfällt daher in 2 Theile, von welchen

1) der erste ...
2) der zweite ...

($3 .. 5 = \frac{3}{5}$, $4 .. 1 = 4$, $a .. b = \frac{a}{b}$), so müssen umgekehrt auch aus den Factoren des Exponenten die Glieder hervor gehen, als $\frac{3}{8} = 3 .. 8$, $\frac{4}{3} = 4 .. 3$, $\frac{a}{b} = a .. b$. Wie aber ein Glied aus dem andern mittelst des Exponenten bestimmt wird, wird erst nach einer genauern Betrachtung der Glieder einleuchten. — Zunächst müssen wir daher untersuchen, was sich ergiebt, wenn wir das, was wir bisher von Größen und Zahlen überhaupt als wahr erkannt haben, auf die Glieder der Verhältnisse anwenden.

Größe des Verhältnisses durch die Glieder.

§. 100. Aus §. 22. b. folgt, daß eine Größe desto größer ist, je kleiner die andere, mit welcher man sie vergleicht; und desto kleiner, je größer diese ist. Da nun die Größe eines Verhältnisses von der Größe des einen Gliedes in Rücksicht des andern abhängt, so folgt, daß das Verhältniß

a) desto größer seyn müsse, . . .

b) desto kleiner, . . .

Veränderung der Glieder durch die Rechnungsoperationen.

§. 101. Durch die Addition einer Größe zu einer andern wird diese um jene größer, durch die Subtraction kleiner; durch die Multiplication einer Größe mit einer Zahl n, wird sie nmal größer, durch die Division mit n, nmal kleiner (§. 31.). Wenden wir nun jene Operationen auf die Glieder eines Verhältnisses an, so ergeben sich folgende allgemeine Wahrheiten. — Das Verhältniß sey

4..6, allgemein a..b, und n bedeute jede Größe, oder ganze Zahl. —

a) eines Gliedes.

1) Addirt man zum ersten Gliede eine Größe oder Zahl $(4+3)..6=7..6>4..6$, allg. $(a+n)..b>a..b$, so wird das Verhältniß ...

2) addirt man zum zweiten Gliede, als $4..(6+2)=4..8<4..6$; allgem. $a..(b+n)<a..b$, so wird das Verhältniß ...

3) zieht man vom ersten Gliede ab, als $(4-2)..6=2..6<4..6$; allgem. $(a-n)..b<a..b$, so wird das Verhältniß ...

4) zieht man vom zweiten Gliede ab, als $4..(6-3)=4..3>4..6$; $a..(b-n)>a..b$, so wird das Verhältniß ...

5) multiplicirt man das erste Glied mit einer ganzen Zahl, als $(4.3)..6=12..6>4..6$; allgem. $an..b>a..b$, so wird das Verhältniß ...

6) multiplicirt man das zweite Glied mit einer ganzen Zahl, als $4..(6.2)=4..12<4..6$; allgem. $a..bn<a..b$, so wird das Verhältniß ...

7) dividirt man das erste Glied durch eine ganze Zahl, als $\frac{4}{2}..6=2..6<4..6$;

allgem. $\frac{a}{n}..b<a..b$; so wird das Verhältniß ...

8) dividirt man das zweite Glied mit einer ganzen Zahl, als $4..\frac{6}{2}=4..3>4..6$; allgem. $a..\frac{b}{n}>a..b$, so wird das Verhältniß ...

Fassen wir diese Ergebnisse zusammen, so sind sie im allgemeinen folgende: Das Verhältniß wird

α) größer, wenn man ...

β) kleiner dagegen, wenn man ...

b) beider Glieder.

§. 102. Wenden wir dieselben Operationen auf beide Glieder an, so ist theils darauf zu sehen, ob in dem angenommenen Verhältnisse das erste oder zweite Glied größer ist, theils darauf, ob die Veränderung mit einer oder verschiedenen Größen oder Zahlen geschieht. Es sey das Verhältniß 4..6, und werde mit 2; allgem. a..b, so daß $a < b$, und werde mit n vergrößert und verkleinert (Fig. 12):

1) addirt $(4+2)..(6+2) = 6..8 > 4..6$, weil $\frac{6}{8} > \frac{4}{6}$; allgem. $(a+n)..(b+n) > a..b$, umgek. $(6+2)..(4+2) = 8..6 < 6..4$, weil $\frac{8}{6} < \frac{6}{4}$; allg. $(b+n)..(a+n) < b..a$, d. i. addirt man zu beiden Gliedern Gleiches, so wird,

α) wenn das erste Glied kleiner ist, das Verhältniß ...

β) wenn das erste Glied größer ist, das Verhältniß ...

2) subtrahirt $(4-2)..(6-2) = 2..4 < 4..6$; weil $\frac{2}{4} < \frac{4}{6}$; allgem. $(a-n)..(b-n) < a..b$. $(6-2)..(4-2) = 4..2 > 6..4$; weil $\frac{4}{2} > \frac{6}{4}$, allgem. $(a-n)\ (b-n) < b..a$.

Subtrahirt man also von beiden Gliedern Gleiches, so wird,

α) wenn das erste Glied kleiner, als das zweite ist, das Verhältniß ...

β) wenn aber das erste Glied größer ist, das Verhältniß ...

3) multiplicirt $(6.2)..(4.2) = 12..8 = 6..4$; weil $\frac{12}{8} = \frac{6}{4}$;
allgem. $a.n..b.n = a..b$; denn $\frac{an}{bn} = \frac{a}{b}$
$(4.2)..(6.2) = 8..12 = 4..6$; weil $\frac{8}{12} = \frac{4}{6}$;

allgem. bn..an = b..a; $\frac{bn}{an} = \frac{b}{a}$.

Multiplicirt man beide Glieder mit ebenderselben Zahl, so ...

4) dividirt. $\frac{6}{2}..\frac{4}{2} = 3..2 = 6..4$; weil $\frac{3}{2} = \frac{6}{4}$;

allgem. $\frac{a}{n}..\frac{b}{n} = a..b$.

$\frac{4}{2}..\frac{6}{2} = 2..3 = 4..6$; denn $\frac{2}{3} = \frac{4}{6}$;

allgem. $\frac{b}{n}..\frac{a}{n} = a..b$.

Dividirt man beide Glieder mit einer Zahl, so ...

Anmerk. 1. Bei den Geschäften des Handels sind diese Gesetze von sehr mannigfaltiger Anwendung. Wenn man z. B. von einer gewissen Waare

a) sonst für 6 Thlr. 4 Stück bekam; jetzt aber für 8 Thlr. 6 Stück, so ist sie, weil das Verhältniß 8..6 $<$ 6..4 ist, wohlfeiler geworden; theurer dagegen, wenn man sonst für 4 Thlr. 6 Stück, jetzt für 6 Thlr. 8 Stück, gekauft oder verkauft hat.

b) Hat man sonst für 6 Thlr. 4 Pfd., jetzt für 4 Thlr. 2 Pfd. gekauft, so ist die Waare theuerer; wohlfeiler aber, wenn sonst 6 Pfd. 4 Thlr., jetzt aber 4 Pfd. 2 Thlr. kosten.

Man sieht hieraus, daß man darauf zu achten hat, ob das erste Glied größer oder kleiner, als das zweite ist, und ob die Glieder mit einerlei Zahl vermehrt oder vermindert werden. Um wieviel eine Waare theurer oder wohlfeiler geworden ist, muß man jedesmal besonders berechnen.

Uebungsexempel.

Wenn sonst 5 Thlr. 4 Stück, jetzt 7 Thlr. 6 Stück kosten, so ist es jetzt ...

Wenn sonst 12 Thlr. 9 Stück, jetzt 10 Thlr. 7 Stück kosten, so ist es ...

Wenn sonst 2 Thlr. 3 Stück, jetzt 14 Thlr. 15 Stück kosten, so ist es . . .

Wenn sonst 19 Thlr. 22 Stück, jetzt 26 Thlr. 29 Stück kosten, so ist es . . .

Wenn sonst 10 Thlr. 7 Stück, jetzt 6 Thlr. 3 Stück kosten, so ist es . . .

Wenn sonst $9\frac{1}{2}$ Thlr. 16 Stück, jetzt 7 Thlr. $13\frac{1}{2}$ St. kosten, so ist es . . .

Anmerk. 2. Werden beide Glieder des Verhältnisses mit verschiedenen Zahlen vermehrt oder vermindert, so sind die Fälle so mannigfaltig, daß sich keine allgemeinen Regeln geben lassen.

Bedingung der Unveränderlichkeit des Verhältnisses.

§. 103. Alle diese Ergebnisse zusammengefaßt, zeigen uns, daß

1) wenn in einem Verhältnisse ein Glied vermehrt oder vermindert, oder beide mit einer und ebenderselben Größe addirt oder subtrahirt werden, das Verhältniß . . .

2) unverändert aber bleibt, wenn man . . .

$$3 \,..\, 4 = (2.3) \,..\, (2.4) = (3.3) \,..\, (3.4) = \tfrac{3}{4} \,..\, \tfrac{4}{4} = \tfrac{3}{5} \,..\, \tfrac{4}{5} \text{ xc.}$$
$$= 6 \,..\, 8 = 9 \,..\, 12 = \tfrac{3}{4} \,..\, 1 = \tfrac{3}{5} \,..\, \tfrac{4}{5}$$

allgem.

$$a \,..\, b = an \,..\, bn = am \,..\, bm = \frac{a}{n} \,..\, \frac{b}{n} = \frac{a}{m} \,..\, \frac{b}{m} \text{ xc.}$$

Daraus erkennen wir,

α) daß Producte, welche einen gemeinschaftlichen Factor haben ($24 = 4.6$, $18 = 3.6$ xc. allgem. $am = a.m$, $cm = c.m$ xc.) sich verhalten . . .

β) daß Brüche, welche einerlei Nenner haben, ($\frac{2}{4}$, $\frac{3}{4}$; $\frac{a}{n}$, $\frac{b}{n}$ xc.) sich verhalten . . .

Und daraus ist endlich klar, daß, wenn in beiden Gliedern eines Verhältnisses gleiche Factoren enthalten sind, man diese, ohne das Verhältniß zu ändern (salva ratione) . . .

Anmerk. Da die Addition aliquoter Theile mit der Multiplication übereinkommt (§. 31. Anmerk.), mithin die Summe aus n aliquoten Theilen gleich ist dem Producte aus einem derselben nmal genommen (als $24 = 6 + 6 + 6 + 6 = 6 . 4$), so lassen sich auch jene Sätze so ausdrücken:

α) die Ganzen verhalten sich . . .

β) die aliquoten Theile . . .

Das Verhältniß als Größe.

§. 104. Den Werth eines Verhältnisses erkennen wir mittelst seines Exponenten (§. 39.); dieser aber als Größe muß sich selbst gleich, einem andern aber gleich oder ungleich seyn (§. 22.). Hieraus folgt

a) für die Verhältnisse, daß

1) ein Verhältniß . . .

2) zwei oder mehrere aber . . .

b) für die Exponenten, daß

α) wenn die Verhältnisse gleich sind (als $2..3 = 4..6$; $a..b = an..bn$, wo $\frac{2}{3} = \frac{4}{6}$, $\frac{a}{b} = \frac{an}{bn}$), sie . . .

β) wenn sie ungleich sind (als $2..3 < 5..6$, $a..b \gtrless an..bm$, wo $\frac{2}{3} < \frac{5}{6}$, $\frac{a}{b} \gtrless \frac{an}{bm}$), . . .

Exponenten haben müssen.

c) für jene §. 22. gefundenen Sätze, daß,

α) wenn zwei Verhältnisse einen dritten gleich sind, als

$$\begin{array}{c}1..3=2..6\\1..3=3..9\\\hline 2..6=3..9\end{array}\qquad\begin{array}{c}2..3=a..b\\4..6=a..b\\\hline 2..3=4..6\end{array}\qquad\begin{array}{c}a..b=c..d\\m..n=c..d\\\hline a..b=m..n\end{array}$$

sie . . .

β) wenn **mehrere** Verhältnisse **einem** gewissen Verhältnisse **gleich** sind, als

$$\begin{array}{c}4..\ 6=2..3;\\6..\ 9=2..3\\8..16=2..3\\\hline 4..6=6..9=8..12\end{array}\quad\text{allgemein}\quad\begin{array}{c}a..b=c..d\\m..n=c..d\\x..y=c..d\\\hline a..b=m..n=x..y\end{array}$$

alle . . .

γ) wenn **mehrere** Verhältnisse **gleichen** Verhältnissen **gleich** sind, als

$$\begin{array}{c}9..12=\ 3..\ 4;\\3..\ 4=\ 6..\ 8\\12..16=\ 6..\ 8\\\hline 9..12=12..16\end{array}\quad\text{allgemein}\quad\begin{array}{c}a..b=c..d\\e..f=c..d\\e..f=m..n\\\hline a..b=m..n\end{array}$$

sie auch . . .

Findet aber in diesen drei Fällen das **Gegentheil** statt, so . . .

Anmerk. Da der **Werth** jeder Größe nur **durch** die **andere**, **auf welche** man sie **bezieht**, bestimmt wird, so findet für die **Glieder** der Verhältnisse noch Folgendes statt:

a) wenn $a..b=c..b$, so ist a . . .

b) wenn $a..b \gtrless c..b$, so ist a . . .

Proportion.

§. 105. Daß die **Gleichung** zweier **Verhältnisse** eine **Proportion** (αναλογια), die 4 Glieder derselben aber in so fern **proportional** oder **analog** (αναλογα) genannt werden, ist aus §. 40. bekannt. Nehmen die Glieder an Größe zu (als

2..3=4..6), so heißt die Proportion steigend, nehmen sie ab (8..6=4..3), fallend. In beiden muß sich das erste zum zweiten, wie das dritte zum vierten verhalten (allgem. a..b=an..bn). Das erste und letzte Glied nennt man die äußern Glieder (termini externi), das zweite und dritte die innern (termini interni), so wie das erste und dritte, desgleichen das zweite und vierte zusammen gleichnamige (ὁμολογα) heißen. — So gewiß nun Gleiches mit Gleichem multiplicirt oder dividirt gleich bleibt, so gewiß ist a.bn=b.an, und $\frac{a}{b}=\frac{an}{bn}$ (§. 33.), woraus die zwei Hauptkennzeichen und Bedingungen einer Proportion fließen. Denn da allgemein

a) a.bn das Product der äußern, b.an das Product der innern Glieder ist, so folgt, daß in jeder Proportion das Product der äußern Glieder . . .

b) $\frac{a}{b}$ der Quotient der Vorderglieder, $\frac{an}{bn}$ der der Hinterglieder, so ist in jeder Proportion . . .

Anmerk. Die eigentliche Proportion pflegt man häufig wegen ihrer vielfältigen Anwendung in der Geometrie, die geometrische Proportion (αναλογια γεωμετρικη) zu nennen, dagegen 4 Zahlen, deren je zwei gleiche Differenzen haben, als 2÷4 = 6÷8 eine arithmetische Proportion Aus diesen Benennungen scheinen jene der Verhältnisse entstanden zu seyn (§. 26. 37.).

Versetzung der Glieder.

§. 106. Dem gemäß können bei 4 proportionalen Größen, als 2, 3, 4, 6, allgemein a, b, c, d, durch Versetzung derselben in combinatorischer Ordnung acht verschiedene Stellungen statt finden, welche in Hinsicht der Glieder acht verschiedene Sätze geben:

1) $2..3 = 4..6$; allgemein $a..b = c..d$

$2.6 = 3.4$ $a.d = b.c$ d. h.

das 1ste Glied verhält sich zum 2ten, . . .

2) $2..4 = 3..6$; allgemein $a..c = b..d$

$2.6 = 4.3$ $a.d = c.b$ d. h.

das 1ste Glied verhält sich zum 3ten, . . .

3) $3..2 = 6..4$; allgemein $b..a = d..c$

$3.4 = 2.6$ $b.c = a.d$ d. i.

das 2te Glied verhält sich zum 1sten, . . .

4) $3..6 = 2..4$; allgemein $b..d = a..c$

$3.4 = 6.2$ $b.c = d.a$ d. i.

das 2te Glied verhält sich zum 4ten, . . .

5) $4..6 = 2..3$; allgemein $c..d = a..b$

$4.3 = 6.2$ $c.b = d.a$ d. i.

das 3te Glied verhält sich zum 4ten, . . .

6) $4..2 = 6..3$; allgemein $c..a = d..b$

$4.3 = 2.6$ $c.b = a.d$ d. i.

das 3te Glied verhält sich zum 1sten, . . .

7) $6..3 = 4..3$; allgemein $d..b = c..a$

$6.2 = 3.4$ $d.a = b.c$ d. i.

das 4te Glied verhält sich zum 2ten, . . .

8) $6..4 = 3..2$; allgemein $d..c = b..a$

$6.2 = 4.3$ $d.a = c.b$ d. i.

das 4te Glied verhält sich zum 3ten, . . .

Diese Versetzung hat den Vortheil, daß man jedes Glied an jede Stelle bringen kann.

§. 107. Wenn aber nach §. 105. a. die Factoren je zweier gleichen Producte proportional sind, so müssen sich auch aus allen gleichen Producten Proportionen bilden lassen, als:

$5.6 = 3.10$, $5 .. 3 = 10 .. 6$; allg. $ad = bc$, $a .. b = c .. d$
$6.8 = 4.12$, $6 .. 12 = 4 .. 8$; „ $3x = 5a$, $3 .. 5 = a .. x$
$8 = 2.3$, $8 .. 2 = 4 .. 1$; „ $x = 4a$, $x .. a = 4 .. 1$

Hieraus ergiebt sich die allgemeine Regel: . . .

Zur Uebung.

$3.6 = 2.9$; $9x = 12y$; $nx = mq$
$4.9 = 3.12$; $\frac{2}{3}a = \frac{1}{2}b$; $cf = bg$
$30.6 = 12.15$; $m = 4n$; $a = ny$
$14 = 2.7$; $\frac{1}{4}q = 3$; $rm = pq$

Anmerk. Wenn die gleichen Producte aus mehr als zwei Factoren bestehen, so lassen sie sich doch als zweitheilige betrachten, indem man zwei oder mehrere zusammen nimmt, z. B. wenn $abc = lmn$, so verhält sich:

$a .. l = mn .. bc$
$a .. m = ln .. bc$
$a .. n = lm .. bc$
$ab .. l = mn .. c$
$ab .. m = ln .. c$
$ab .. n = lm .. c$
$ac .. l = mn .. b$
$ac .. m = ln .. b$
$ac .. n = lm .. b$

Da jede dieser Proportionen acht Versetzungen zuläßt (§. 106.), so geben diese 9 Fälle $8.9 = 72$ Proportionen, und wenn die Factoren verschiedene Bedeutungen haben, 72 verschiedene Wahrheiten, deren Entwickelung in manchen Wissenschaften wichtig ist.

Wenn z. B. zwei Körper A und a sich durch verschiedene Räume R und r, in verschiedene Zeiten Z und z, mit verschiedenen Geschwindigkeiten G und g, gleichförmig fortbewegen, so lehrt uns die Theorie der Gesetze der Bewegung (die Phoronomie) daß

$R\,g\,z = r\,G\,Z$; daher verhält sich

1) $R .. r =$ . . .

2) $G .. g =$ . . .

3) $Z .. z =$ . . .

Vierte Proportionalgröße.

§. 108. Da Gleiches durch Gleiches dividirt Gleiches giebt (§. 33. b.), und man wendet dieses auf die gleichgesetzten Producte der äußern und mittlern Glieder (§. 105. a.) an, so daß man mit einem Factor (Gliede) beide Producte dividirt, so wird der andere durch die drei übrigen bestimmt. Betrachten wir wieder jene Proportion

$2 \,.. 3 = 4 \,.. 6$; allgemein $a \,.. b = c \,.. d$; wo
$2 \,. 6 = 3 \,. 4$. $a \,. d = b \,. c$; so ist

1) $\frac{2.6}{6} = \frac{3.4}{6}$ folgl. $2 = \frac{3.4}{6}$; $\frac{a.d}{d} = \frac{b.c}{d}$ folgl. $a = \frac{bc}{d}$

Das 1ste Glied wird gefunden, wenn man . . .

2) $\frac{3.4}{4} = \frac{2.6}{4}$, folgl. $3 = \frac{2.6}{4}$; $\frac{c.b}{c} = \frac{a.d}{c}$, folgl. $b = \frac{ad}{c}$

Das 2te Glied wird gefunden, wenn man . . . .

3) $\frac{3.4}{3} = \frac{2.6}{3}$, folgl. $4 = \frac{2.6}{3}$; $\frac{c.b}{b} = \frac{a.d}{b}$, folgl. $c = \frac{ad}{b}$

Das 3te Glied wird gefunden, wenn man . . .

4) $\frac{2.6}{2} = \frac{3.4}{2}$, d. i. $6 = \frac{3.4}{2}$; $\frac{a.d}{a} = \frac{b.c}{a}$, d. i. $d = \frac{bc}{a}$

Das 4te Glied wird gefunden, wenn man . . .

Hieraus ist klar, daß man allemal aus drei bekannten proportionalen Größen oder Zahlen die 4te findet, wenn man . . .

Da man nun nach §. 106. die Glieder so versetzen kann, daß die 3 bekannten die 3 ersten sind, so bedarf man nur einer und zwar der letzten Regel (4).

Anmerk. Die unbekannte vierte proportionale Größe oder Zahl pflegt man mit x zu bezeichnen, und sind mehrere in einem Exempel vorhanden, mit y, z, u, v rc. überhaupt mit den letzten Buchstaben des Alphabets.

Regel de tri.

§. 109. Dieses Gesetz: aus drei bekannten die 4te Proportionalgröße zu finden, nennt man die Regel de tri (regula de tribus numeris), und weil sie bei allen Geschäften des bürgerlichen Lebens so vielfältige und nothwendige Anwendung findet, auch die goldene Regel (reg. aurea). Ihre Anwendung selbst gehört in die praktische Rechenkunst. Nur die Fälle, in welchen sie angewendet wird, können hier angeführt werden. Es ist aber vor allen ein Hauptunterschied zu machen nöthig.

a) Man sagt entweder, je mehr man Stücke bekommt, desto mehr muß man bezahlen, und je weniger, desto weniger. Die Proportion ist daher geradefort steigend oder fallend: $a..b = c..\frac{cb}{a}$, wo der allgemeine Satz (§. 108.) gilt, daß das 4te Glied gefunden wird, wenn man das 2te mit dem 3ten multiplicirt und durch das 1ste dividirt. Diese nennt man die gerade Regel de tri (regula de tri directa).

b) Oder man sagt, je mehr man z. B. Arbeiter anstellt, desto weniger Zeit ist nöthig, um die Arbeit zu machen, oder je weniger z. B. breit das Tuch liegt, desto mehr braucht man Ellen. Wenn also hier die ersten Glieder steigend sind, so sind die letzten fallend, und umgekehrt; daher sich verhält $a..b = c..\frac{a.b}{c}$, d. h. das vierte Glied wird gefunden, wenn man das 1ste und 2te multiplicirt und durch das dritte dividirt. Diese heißt die umgekehrte Regel de tri (regula inversa).

Bei beiden ist zu merken, daß das 1ste und 3te, so wie das 2te und 4te **gleichnamig** seyn müssen (als 2 Pfund . . 3 Thlr. = 4 Pfund . . 6 Thlr.: oder 2 Arbeiter . . 6 Tagen = 4 Arbeiter . . 3 Tagen ꝛc..

Fälle ihrer Anwendung.

§. 110. Die Fälle ihrer Anwendung scheiden sich daher in **zwei** Klassen:

a) die **gerade** Regel de tri findet statt:

1) bei Berechnung der **Waaren**, sie mögen nach Ellen, Kannen oder Gewichten gemessen werden; z. B.

$$5 \text{ Stück} .. 6 \text{ Thlr.} = 19 \text{ Stück} .. \frac{6.19}{5} = 22\tfrac{4}{5} \text{ Thlr.}$$

2) bei der Vergleichung (Reduction) der **Münzen**, **Gewichte** und **Maaße** ꝛc. zu andern; z. E.

α) der Gulden verhält sich zum Thaler wie 2 . . 3, mithin 3 Gulden = 2 Thlr.; wieviel machen daher 400 Gulden Thaler?

$$3 \text{ Gulden} .. 2 \text{ Thlr.} = 400 \text{ Gulden} .. \frac{400.2}{3} = \frac{800}{3} = 266\tfrac{2}{3} \text{ Thlr.}$$

β) das Amsterdamer Pfd. verhält sich zum Frankfurter, wie 7683 . . 8152; wiebiel machen 8000 Amsterdamer Pfd., Frankfurter Pfd.? —

$$8152 \text{ Pfd. Amstd.} .. 7683 \text{ Pfd. Frankf.} = 8000 \text{ Amstd.} .. \frac{8000 \times 7683}{8152} = \frac{7683000}{1019} = 7539\tfrac{753}{1019} \text{ Frankfurter.}$$

γ) der Rheinländische Fuß verhält sich zum Französischen wie 1391 . . 1440. Es sind daher 1440 Rheinländ. Fuß = 1391 Französ. Fuß; wieviel 2000 Rheinländische?

$$1440 .. 1391 = 2000 .. \frac{2000.1319}{1440} = \frac{139100}{72} = 1931\tfrac{17}{18} \text{ Franz. Fuß.}$$

3) bei der einfachen Zinß-Rechnung, wobei der Zinßfuß, ob 3, 4, 5 ... pr. cent gegeben werden, bekannt seyn muß, wenn die Zeit nicht in Betrachtung kommt. Man kann dabei nach zweierlei fragen:

α) nach den Zinßen. Wenn 100 Thlr. 5 Thlr. Zinßen geben, wieviel geben 20000?

$$100 \text{ Thlr.} \ldots 5 \text{ Thlr.} = 20000 \text{ Thlr} \ldots \frac{20000.5}{100} =$$
$$= 200.5 = 1000 \text{ Thlr.}$$

β) nach dem Kapital. Wenn 100 Thlr. 5 Thlr. geben, wie groß ist das Kapital, welches 600 Thlr. Zinßen giebt?

$$5 \text{ Thlr.} \ldots 100 \text{ Thlr.} = 600 \text{ Thlr.} \ldots \frac{600 \times 100}{5} =$$
$$= \frac{60\,000}{5} = 12\,000 \text{ Thlr.}$$

4) bei vielen andern Gegenständen, wenn die Zeit nicht dabei in Betrachtung kommt; als je weniger Arbeit, desto weniger Leute u. s. w.

§. 111.

b) die umgekehrte Regel de tri muß angewendet werden

1) bei Berechnung der Arbeiter und der Zeit. Denn je mehr Zeit, desto weniger Arbeiter und umgekehrt. Z. B. 5 Arbeiter brauchen 18 Tage zu einer Arbeit, wie viel 9 Arbeiter?

$$5 \text{ A.} \ldots 18 \text{ T.} = 9 \text{ A.} \ldots \frac{18.5}{9} = 2.5 = 10 \text{ T.}$$

2) bei Vergleichung der Länge und Breite oder Höhe. Z. B. je breiter das Tuch liegt, desto weniger Ellen (der Länge nach) braucht man. Pflanzt man längs einem Wege Bäume acht

Schritte von einander, so braucht man 5000 Stück, wenn man aber für ebendieselbe Länge Weges nur 4000 Stück hat, so fragt sich, wieviel Schritte auseinander sie gepflanzt werden müssen?

$$5000 \text{ St.} \ldots 8 \text{ Schr.} = 4000 \text{ St.} \ldots \frac{5000 . 8}{4000} =$$

$$= \frac{5 . 8}{4} = 5 . 2 = 10 \text{ Schritte.}$$

3) bei der Zinßenrechnung, wenn die Zeit dabei in Anschlag kommt. — Hier kann man wieder nach zweierlei fragen:

α) entweder nach der Zeit. Z. B. 2000 Thlr. zu 5 pr. Cent verliehen, geben in 2 Jahren 200 Thlr.; wie lange müssen 500 Thlr. zu 5 pr. C. stehen, um ebenfalls 200 Thlr. zu geben?

$$2000 \text{ Thlr.} \ldots 2 \text{ Jahr} = 500 \text{ Thl.} \ldots \frac{2000 . 2}{500} \text{ J.} =$$

$$\frac{20 . 2}{5} = 8 \text{ Jahre.}$$

β) oder nach dem Kapitale. Wenn 7400 Thlr. 6 Jahre stehn müssen, um einen gewissen Zinß zu geben, wie groß muß das Kapital seyn, wenn es in 4 Jahren ebensoviel geben soll?

$$6 \text{ Jahr} \ldots 7400 \text{ Thlr.} = 4 \text{ Jahr} \ldots \frac{6 . 7400}{4} =$$

$$= 3 . 3700 = 11100 \text{ Thlr.}$$

4) bei vielen andern Fällen, wo man sagen kann jemehr, desto weniger und umgekehrt. Z. E. je mehr man täglich aufgehn läßt, desto kürzere Zeit reicht der Vorrath; je theurer das Getraide ist, desto kleiner ist das Brod; je mehr ein Fuhrmann aufladet, desto weniger weit kann er täglich fahren, u. dergl. mehr.

Anmerkungen.

1) Es können aber auch mehr als drei Sätze vorkommen, d. h. jedes Verhältniß kann noch eine oder mehr Bestimmungen haben, mithin die Aufgabe 5, 7, 9 ... Zahlen enthalten, welche nach Befinden die gerade oder die umgekehrte Regel de tri erfordern können. Hat die Aufgabe fünf Sätze, so heißt sie regula quinque (reg. de quinque numeris), hat sie mehr als 5 Sätze, so wird sie regula multiplex genannt. Bei allen dergleichen Fällen aber nimmt man immer nur 3 Bestimmungen auf einmal zusammen, ohne auf die übrigen Rücksicht zu nehmen und verfährt wie oben. Beispiele werden es deutlich machen.

a) Regula quinque. Wenn 100 Thlr. in einem Jahre 5 Thlr. Zinßen geben, wieviel geben 250 Thlr. in 8 Jahren? Ohne Rücksicht auf die Zeit verhält sich:

100 Thlr. .. 5 Thlr. $=$ 250 Thlr. .. $\frac{250.5}{100} = \frac{25.5}{10} =$

$= \frac{5.5}{2}$ Thlr.

1 Jahr .. $\frac{5.5}{2}$ Thlr. $=$ 8 Jahr .. $\frac{5.5.8}{2.1} = 25 . 4 =$

$=$ 100 Thlr.

Wenn ein Graben 4 Ellen breit von 6 Arbeitern in 8 Tagen ausgeworfen wird, wieviel Tage werden 10 Arbeiter zu einem Graben von derselben Länge, aber 5 Ellen Breite brauchen?

4 Ell. .. 8 Tage $=$ 5 Ell. .. $\frac{5.8}{4}$ Tage $=$ 10 Tage

6 Arbeit. .. 10 Tage $=$ 10 Arbeit. .. $\frac{10.6}{10}$ Tage $=$

$=$ 6 Tage (invers.)

b) Regula multiplex. Wenn 10 Maurer in 15 Wochen, worinne sie 6 Tage und täglich 12 Stunden arbeiten, eine Mauer 400 Fuß lang, 12 Fuß hoch, $3\frac{1}{2}$ Fuß dick verfertiget haben; wieviel Wochen werden 24 Maurer brauchen zu einer Mauer

160 Fuß lang, 14 Fuß hoch, $2\frac{1}{2}$ Fuß dick, wenn sie wöchentlich nur 5 Tage und täglich 10 Stunden arbeiten?

10 Maurer . . 15 Wochen = 24 Maurer . . $\frac{15.10}{24}$ Wochen

6 Tage . . $\frac{15.10}{24}$ Wochen = 5 Tage . . . . $\frac{6.10.15}{5.24}$ Wochen

12 Stunden . . $\frac{6.15.10}{24.5}$ Woch. = 10 Stund. $\frac{12.6.10.15}{10.5.24}$ Wochen

regula inversa.

400′ lang . . $\frac{12.6.10.15}{24.5.10}$ Wochen = 160′ lang . . $\frac{160.12.6.10.15}{400.10.5.24}$ Wochen

12′ hoch . . $\frac{160.12.6.10.15}{400.10.5.24}$ Wochen = 14′ hoch . . $\frac{14.160.12.6.10.15}{12.400,10.5.24}$ Wochen

$\frac{7}{2}$′ dick . . $\frac{14.160.12.6.10.15.}{12.400.10.5.24}$ Wochen = $\frac{5}{2}$′ dick . $\frac{5.14.160.12.6.10.15}{7.12.400.10.5.24}$ Wochen

$$= \frac{14.160.6.15}{7.400.24} = 3 \text{ Wochen}$$

Das Aufheben der Zahlen kann man auch hier nach jeder einzelnen Operation verrichten. — Man nennt dieses Verfahren *zusammengesetzte Regel de tri* (*regula de tri composita*).

2) Ebendasselbe Verfahren ist nöthig bei der Reduction der Münzen, Maaße und Gewichte, wenn die Vergleichung mehrerer Mittelglieder bedarf. Z. B. will man wissen, wieviel Mariengroschen auf einen Louisd'or gehen, und man weiß, daß 3 Louisd'or = 16

Thlr., 2 Thlr. = 3 Gulden, 1 Gulden = 16 Gr., 2 Gr. = 3 Mar. Gr. machen, so schließt man so:

$$2 \text{ Ggr.} \ldots 3 \text{ Mgr.} \qquad = 16 \text{ Gr.} \ldots \frac{3.16}{2} \text{ Mgr.}$$

$$1 \text{ Guld.} \ldots \frac{3.16}{2} \text{ Mgr.} \qquad = 3 \text{ Guld.} \ldots \frac{3.3.16}{2.1} \text{ Mgr.}$$

$$2 \text{ Thlr.} \ldots \frac{3.3.16}{2.1} \text{ Mgr.} \qquad = 16 \text{ Thlr.} \ldots \frac{16.3.3.16}{2.1.2} \text{ Mgr.}$$

$$3 \text{ Ld'or} \ldots \frac{16.3.3.16}{2.1.2} \text{ Mgr.} = 1 \text{ Ld'or.} \ldots \frac{16.3.3.16.1}{2.1.2.3}$$

$$= 8 \cdot 3 \cdot 8 = 192 \text{ Mgr.}$$

Jedoch kann man sich dabei einer Abkürzung bedienen. Man stellt nämlich diejenigen Größen, welche einander gleich sind, neben einander, fängt mit derjenigen an, die in der Frage liegt, und den folgenden Satz wieder mit dem gleichnamigen des vorigen. Z. B.

3 Louisd'or	=	16 Thlr.
2 Thlr.	=	3 Gulden.
1 Gulden	=	16 gute Groschen
2 gute Groschen	=	3 Mar. Groschen.
3.2.1.2	=	16.3.16.3

Dividirt man nun das Product der Zahlen zur Rechten durch das Product der zur Linken, so erhält man ebenfalls jene Zahl

$$\frac{16.3.16.3}{3.2.1.2} = 8 \cdot 3 \cdot 8 = 192 \text{ Mar. Groschen.}$$

Weil nun diese Sätze mit ihren gleichartigen Größen gleichsam in einander hängen, so pflegt man dieses Verfahren die Kettenrechnung zu nennen.

3) Diese Abkürzung hat vorzüglich C. F. de Rees auf die zusammengesetzte Regel de tri angewendet, daher sie auch die Reesische Regel genannt wird. Nach ihr stellt man die in der Aufgabe enthaltenen Zahlen Paar vor Paar so zusammen, daß alle Multiplicandi auf die rechte und alle Divisoren auf die linke Seite zu stehen kommen. Die Fra-

gezahl bezeichnet man mit x. Nach ihr erscheint jenes Beispiel (Anmerk. 1. b.) so:

10 Maur.	15 Woch.	6 T.	12 St.	=	400 F. lg.		12′ F. hch. $3\frac{1}{2}$ F. dick
24 „	x „	5 „	10 „	=	160 „	„	14′ F. hch. $2\frac{1}{2}$ F. dick

x Wochen	15 Wochen;
400′ lang	160′ lang; je länger, desto mehr Wochen;
12′ hoch	14′ hoch; je höher, „ „ „
$3\frac{1}{2}$ dick	$2\frac{1}{2}$ dick; je dicker, „ „ „
24 Maur.	10 Maurer; je mehr Maur. desto weniger W.
5 Tage	6 Tage; je mehr Tage, desto wenig. Wochen;
10 Stund.	12 Stund.; je mehr St. desto weniger Woch.

x = 3 Wochen.

4) In vielen Fällen findet die einfache Regel de tri mehrmal statt. Z. B.

a) Wenn mehrere Personen durch Beiträge ein Kapital zu irgend einem Zwecke zusammen legen, so muß sie bei jeder Vertheilung des Gewinnes oder Verlustes sovielmal angewendet werden, als Personen sind. Dieß nennt man die Gesellschaftsrechnung (regula societatis). Z. B.

A	giebt 1000 Thlr.	u. sein Gewinn (oder Verlust)	= x
B	„ 700 „	„ „ „ „ „	= y
C	„ 900 „	„ „ „ „ „	= z
Smm.	2600 Thlr.		

Wenn nun der Gewinn (od. Verlust) 1500 Thlr. ist, so verhält sich

$$2600 \,..\, 1500 = 1000 \,..\, x = \frac{1500 \,.\, 1000}{2600} = 576\tfrac{12}{13}$$

$$2600 \,..\, 1500 = 700 \,..\, y = \frac{1500 \;\; 700}{2600} = 403\tfrac{11}{13}$$

$$2600 \,..\, 1500 = 900 \,..\, z = \frac{1500 \,.\, 900}{2600} = 519\tfrac{3}{13}$$

b) Wenn mehrere Materien (Metalle, Arzneien oder andere Flüssigkeiten) nach einem gewissen Verhältnisse gemischt werden sollen, so muß die Regel de tri sovielmal statt finden, als zumischende Materien vorhanden sind. Diese Rechnung wird daher die Mischungsrechnung oder Alligationsregel (regula alligationis), bei der Mischung der Metalle auch Regel der Beschickung genannt. Z. B.

Zu 1 Pfd. Schießpulver braucht man 24 Loth Salpeter,
6 " Kohlen,
2 " Schwefel.
32 Loth = 1 Pfd.

Wie viel braucht man zu 50 Pfd. von jeder Sorte?

1 Pfd. .. 50 Pfd. = 24 Lth. .. 24.50 = 1200 Lth. = 37,5 Pfd. Salpeter,
1 " .. 50 " = 6 " .. 6.50 = 300 Lth. = 9,375 Pfd. Kohlen,
1 " .. 50 " = 2 " .. 2.50 = 100 Lth. = 3,125 Pfd. Schw.
1600 Lth. = 50 Pfd.

c) Wenn eine Kaufsumme von mehrern Personen gedeckt wird, so daß ihre ungleichen Beiträge in einem bestimmten Verhältnisse stehen; z. E. wenn 7800 Thlr. von 3 Personen getilgt werden sollen, von welchen der eine A die Hälfte, der andere B $\frac{1}{3}$, der dritte C $\frac{1}{4}$ erlegen muß. Dann kann man beliebige ganze Zahlen (am bequemsten die kleinsten) nehmen, welche in ebendemselben Verhältnisse stehen, als die Beiträge der Personen.

In diesem Beispiele stehen mit den Brüchen

	A	B	C	
	$\frac{1}{2}$	$\frac{1}{3}$	$\frac{1}{4}$	die
ganzen Zahlen	6	4	3	in demselben Verhältnisse,

d. h. wenn A 6 Thlr. giebt, so giebt B 4 Thlr. und C 3 Thlr. Wie sich daher die Summe der Zahlen der Verhältnisse der Beiträge (13) zur ganzen Kaufsumme verhält, so muß sich die Zahl des einzelnen Verhältnisses zum Beitrage des Einzelnen verhalten. Es bezahlt daher

$$A = 13 \,..\, 7800 = 6 \,..\, \frac{7800 \cdot 6}{13} = 3600 \text{ Thlr.}$$

$$B = 13 \,..\, 7800 = 4 \,..\, \frac{7800 \cdot 4}{13} = 2400 \text{ ,,}$$

$$C = 13 \,..\, 7800 = 3 \,..\, \frac{7800 \cdot 3}{13} = 1800 \text{ ,,}$$

$$\text{folglich } A + B + C = 7800 \text{ Thlr.}$$

Weil man aber dabei eine Zahl (13) annimmt, welche nicht mit in der Aufgabe steht, und welche man eine falsche nennt, so nennt man dieses Verfahren regula falsi (sc. numeri).

5) In allen diesen Rechnungsarten muß man sich fleißig üben, bis man die gehörige Fertigkeit erlangt hat.

Anwendung der Rechnungsoperationen auf die Glieder der Proportionen.

1) Addition und Subtraction.

§. 112. Wir haben gefunden, daß die Summen aliquoter Theile sich wie die aliquoten Theile selbst (§. 103. Anm. α.), und die aliquoten Theile (Differenzen zwischen aliquoten Theilen und ihren Ganzen) wie die Ganzen (β) verhalten. **Addiren und subtrahiren wir daher die Glieder gleicher Verhältnisse** oder einer Proportion (sie sey $2 \,..\, 3 = 4 \,..\, 6$; allg. $a \,..\, b = c \,..\, d$), so ergeben sich folgende Wahrheiten:

a) Addition.

1) $(2+3) \,..\, 3 = (4+6) \,..\, 6$; allg. $(a+b) \,..\, b = (c+d) \,..\, d$
$(2+3) \cdot 6 = 3 \cdot (4+6)$,, $(a+b) \, d = (c+d) \, b$
$12 + 18 = 12 + 18$,, $ad + bd = cd + db$

d. i. die Summe der ersten Glieder verhält sich zum zweiten, wie . . .

2) $2 \,..\, (2+3) = 4 \,..\, (4+6)$; allg. $a \,..\, (a+b) = c \,..\, (c+d)$
$2 \cdot (4+6) = (2+3) \cdot 4$ $ac + ad = ac + bc$
$8 + 12 = 8 + 12$,, $ad = bc$ d. i.

das erste Glied verhält sich zur Summe der ersten Glieder, wie . . .

3) weil $2..4 = 3..6$; allg. $(a..c = b..d$ (§. 106. 2.)

$(2+4)..4 = (3+6)..6$; $(a+c)..c = (b+d)..d$

$(2+4).6 = 4.(3+6)$; $(a+c)d = (b+d)c$

$12+24 = 12+24$; $ad+cd = bc+dc$

die Summe des ersten und dritten Gliedes verhält sich zum dritten (gleichnamigen), wie . . .

4) $2..(2+4) = 3..(3+6)$; allg $a..(a+c) = b..(b+d)$

$2.(3+6) = 3.(2+4)$; $a.(b+d) = (a+c).b$

$6+12 = 6+12$; $ab+ad = ab+cb$

das erste Glied verhält sich zur Summe des ersten und dritten, . . .

Versetzen wir nun die Glieder dieser 4 Proportionen nach §. 106. 2., so ist

5) $(2+3)..(4+6) = 3..6$; allg. $(a+b)..(c+d) = b..d$

$12+18 = 12+18$; $ad+bd = cb+db$

6) $2..4 = (2+3)..(4+6)$; allg. $a..c = (a+b)..(c+d)$

$2.(4+6) = 4.(2+3)$; $ac+ad = ac+bc$

die Summe der ersten Glieder verhält sich zur Summe der letzten, wie . . .

7) $(2+4)..(3+6) = 4..6$; allg. $(a+c)..(b+d) = c..d$

$(2+4).6 = (3+6).4$; $ad+cd = bc+cd$

8) $2..3 = (2+4)..(3+6)$; allg. $a..b = (a+c)..(b+d$

$2.(3+6) = 3.(2+4)$; $ab+ad = ab+cb$

die Summen gleichnamiger Glieder (§. 105.) verhalten sich, wie . . .

Anmerk. Diesem Satze gemäß muß auch bei mehrern gleicher Verhältnissen, als

$a..b = c..d = e..f = g..h$ . . . . .

$(a+c+e+g)..(b+d+f+h) = a..b = c..d$ . . .

sich die Summe aller ersten Glieder zur Summe aller zweiten verhalten, wie . . .

b) Subtraction.

§. 113. Es sey die Proportion

$6..4 = 3..2$; allgem. $a..b = c..d$

1) $(6-4)..4 = (3-2)..2$; allg. $(a-b)..b = (c-d)..d$

$(6-4).2 = 4.(3-2)$; $ad-bd = cb-db$

$12-8 = 12-8$; $ad = cb$, d. i.

die Differenz der ersten Glieder verhält sich zum zweiten, wie . . .

2) $6..(6-4) = 3..(3-2)$; $a..(a-b) = c..(c-d)$

$6.(3-2) = (6-4).3$; $ac-ad = ac-bc$

das erste Glied verhält sich zu der Differenz der ersten Glieder, . . .

3) $(6-3)..3 = (4-2)..2$; $(a-c)..c = (b-d)..d$

$(6-3).2 = 3.(4-2)$; $ad-cd = cb-cd$

die Differenz vom ersten und dritten Gliede verhält sich zum dritten, wie . . .

4) $6..(6-3) = 4..(4-2)$; $a..(a-c) = b..(b-d)$

$(4.6)-(2.6) = (6.4)-(3.4)$ $ab-ad = ab-bc$

das erste verhält sich zur Differenz vom ersten und dritten, wie . . .

5) $(6-4)..(3-2) = 4..2$; $(a-b)..(c-d) = b..d$

$(2.6)-(2.4) = (3.4)-(2.4)$; $ad-bd = cb-db$

6) $6..3 = (6-4)..(3-2)$; $a..c = (a-b)..(c-d)$

$(6.3)-(6.2) = (3.6)-(3.4)$ $ac-ad = ca-cb$

die Differenzen der ersten und letzten Glieder verhalten sich, wie . . .

7) $(6-3)..(4-2) = 3..2$; $(a-c)..(b-d)) = c..d$

$(2.6)-(3.2) = (4.3)-(2.3)$ $ad-cd = bc-cd$

8) $6..4 = (6-3)..(4-2)$; $a..b = (a-c)..b-d$

$(6.4)-(6.2) = (4.6)-(4.3)$ $ab-ad = ab-bc$

die Differenzen der gleichnamigen Glieder verhalten sich, wie . . .

Anmerk. Auf gleiche Weise müssen auch bei mehren gleichen Verhältnissen

$$a\,..\,b = c\,..\,d = e\,..\,f = g\,..\,h \text{ ꝛc.}$$

$$(a - c - e - g)\,..\,(b - d - f - h) = a\,..\,b$$

die Reste nach Abzug aller übrigen gleichnamigen Glieder von einem, sich verhalten, . . .

Fassen wir nun die Resultate, welche sich sowohl bei der Addition, als der Subtraction der Glieder mit und von einander ergeben haben, zusammen, so lassen sie sich allgemein in folgenden 8 Formeln ausdrücken:

1) $(a \pm b)\,..\,b = (c \pm d)\,..\,d$
2) $a\,..\,(a \pm b) = c\,..\,(c \pm d)$
3) $(a \pm c)\,..\,c = (b \pm d)\,..\,d$
4) $a\,..\,(a \pm c) = b\,..\,(b \pm d)$
5) $(a \pm b)\,..\,(c \pm d) = b\,..\,d$
6) $a\,..\,c = (a \pm b)\,..\,(c \pm d)$
7) $(a \pm c)\,..\,(b \pm d) = c\,..\,d$
8) $a\,..\,b = (a \pm c)\,..\,b(\pm d)$

2) Multiplication und Division.

§. 114. Aus §. 103. 2. ist bekannt, daß die Verhältnisse, wenn ihre Glieder mit einer und ebenderselben Zahl multiplicirt oder dividirt werden, gleich bleiben. Da nun die Proportion aus zwei gleichen Verhältnissen besteht, so kann sie auch durch Multiplication oder Division der Glieder mit einerlei Zahl nicht gestört werden. Nur die Fälle, in welchen es geschieht, sind näher zu bestimmen. Die Proportion sey:

$$\underline{2\,..\,3 = 4\,..\,6}; \text{ allg. } \underline{a\,..\,b = c\,..\,d}$$

$$\text{wo } 2.6 = 3.4 \qquad a.d = b.c \text{ (§. 105.)}$$

m und n beliebige, aber verschiedene Zahlen. Es bleibt daher die Proportion unverändert

a) bei der Multiplication

α) der Glieder eines Verhältnisses:

1) $(2.3)..(3.3) = 4..6$; allg. $an..bn = c..d$

$6.6 = 9.4$; $adn = bcn$

wenn man . . .

2) $(2.3)..4 = (3.3)..6$; allg. $an..c = bn..d$ (§. 106. 2.)

$6.6 = 4.9$; $adn = bcn$

wenn man . . .

3) $2..3 = (4.3)..(6.3)$; allg. $a..b = cn..dn$

$2.18 = 3.12$; $adn = bcn$

wenn man . . .

4) $2..(3.4) = 3..(6.3)$; allg. $a..cn = b..dn$

$2.18 = 12.3$. $adn = bcn$

wenn man . . .

β) der Glieder beider Verhältnisse:

1) $(2.3)..(3.3) = (4.3)..(6.3)$; allg. $an..bn = cn..dn$

$6.18 = 9.12$. $andn = bncn$

wenn man . . .

2) $(2.3)..(3.3) = (4.2)..(6.2)$; allg. $an..bn = cm..dm$

$6.12 = 9.8$. $andm = bndm$

wenn man . . .

3) $2.3..4.2 = 3.3..6.2$; allg. $an..cm = bn..dm$

$6.12 = 8.9$. $andm = cmbn$

wenn man . . .

Die Stellungen

$an..b$ # $c..dn$
$a..bn$ # $cn..d$
$an..bm$ # $c..d$ wären falsch; warum?

§. 115. b) Bei der Division

α) der Glieder eines Verhältnisses

1) $\frac{2}{3}..\frac{3}{3} = 4..6$; allg. $\frac{a}{n}..\frac{b}{n} = c..d$

$\frac{2.6}{3} = \frac{4.3}{3}$; $\frac{a.d}{n} = \frac{b.c}{n}$

wenn man . . .

2) $\frac{2}{3} .. 4 = \frac{3}{3} .. 6$; allg. $\frac{a}{n} .. c = \frac{b}{n} .. d$ (§. 106. 2.)

$\frac{2 . 6}{3} = \frac{4 . 3}{3}$ „ $\frac{ad}{n} = \frac{cb}{n}$

wenn man . . .

3) $2 .. 4 = \frac{3}{5} .. \frac{6}{5}$; allg. $a .. b = \frac{c}{n} .. \frac{d}{n}$

$\frac{2 . 6}{5} = \frac{3 . 4}{5}$ „ $\frac{ad}{n} = \frac{bc}{n}$

wenn man . . .

4) $2 .. \frac{3}{5} = 4 .. \frac{6}{5}$; allg. $a .. \frac{c}{n} = b .. \frac{d}{n}$ (§. 106. 2.)

$\frac{2 . 6}{5} = \frac{3 . 4}{5}$ „ $\frac{ad}{n} = \frac{cb}{n}$

wenn man . . .

β) der Glieder beider Verhältnisse

1) $\frac{2}{3} .. \frac{3}{3} = \frac{4}{3} .. \frac{6}{3}$; allg. $\frac{a}{n} .. \frac{b}{n} = \frac{c}{n} .. \frac{d}{n}$

$\frac{2 . 6}{3 . 3} = \frac{3 . 4}{3 . 3}$ „ $\frac{a . d}{n . n} = \frac{b . c}{n . n}$

wenn man . . .

2) $\frac{2}{3} .. \frac{3}{3} = \frac{4}{5} .. \frac{6}{5}$; allg. $\frac{a}{n} .. \frac{b}{n} = \frac{c}{m} .. \frac{d}{m}$

$\frac{2 . 6}{3 . 5} = \frac{3 . 4}{3 . 5}$ „ $\frac{a . d}{n . m} = \frac{b . c}{n . m}$

wenn man . . .

3) $\frac{2}{3} .. \frac{4}{5} = \frac{3}{3} .. \frac{6}{5}$; allg. $\frac{a}{n} .. \frac{c}{m} = \frac{b}{n} .. \frac{d}{m}$ (§. 106.)

$\frac{2 . 6}{3 . 5} = \frac{4 . 3}{5 . 3}$ „ $\frac{a . d}{n . m} = \frac{c . b}{m . n}$

wenn man . . .

Folgende sind falsch; warum?

$$\frac{a}{n} \,..\, b \;\#\; c \,..\, \frac{n}{d}$$

$$a \,..\, \frac{b}{n} \;\#\; c \,..\, d$$

$$a \,..\, \frac{b}{n} \;\#\; c \,..\, \frac{d}{m}$$

$$\frac{a}{n} \,..\, b \;\#\; \frac{c}{m} \,..\, d$$

$$\frac{a}{n} \,..\, \frac{b}{m} \;\#\; \frac{c}{m} \,..\, \frac{d}{n}$$

Gleiche Proportionen

a) mit ebendenselben Vorder- oder Hintergliedern.

§. 116. Aus §. 104. c. α. wissen wir, daß wenn zwei Verhältnisse einem dritten gleich sind, sie einander auch selbst gleich seyn müssen. Da nun jede Proportion aus zwei gleichen Verhältnissen besteht, so gilt dieses Gesetz auch, wenn man 2 Proportionen, in welchen die ersten oder die letzten Glieder ebendieselben sind, mit einander vergleicht. Z. B.

	$4..6 = 2..\ 3$;	allg.	$c..d = a..b$
	$4..6 = 8..12$		$c..d = m..n$
flgl.	$2..3 = 8..12$		$a..b = m..n$
	$2.12 = 3.\ 8$		$an = bn$

oder

$2..\ 3 = 4..\ 6$;	allg.	$a..b = c..d$
$8..12 = 4..\ 6$	„	$m..n = c..d$
$2..\ 3 = 8..12$	„	$a..b = m..n$
$2\ .\ 12 = 3\ .\ 8$	„	$an = bm$

Wenn also in 2 Proportionen die ersten Glieder oder die letzten ebendieselben sind, so . . .

Aber nach §. 106. 2. verhält sich auch

2..8 = 3..12; allgem. a..m = b..n.

Wenn wir nun diese als die Vorderglieder jener beiden Proportionen betrachten, so folgt, daß wenn in 2 Proportionen

1) die ersten Verhältnisse ebendieselben sind, sich die ersten Glieder der andern Verhältnisse zu einander verhalten ...

2) wenn die letzten Verhältnisse ebendieselben sind, sich die gleichnamigen Glieder ...

Anmerk. Es leuchtet daraus ein, daß wenn solche Fälle vorkommen, man die Verhältnisse, welche in beiden Proportionen stehen, ohne weitere Rücksicht ausstreichen kann.

b) mit wechselnd ebendenselben Vorder- und Hindergliedern.

§. 117. Die Versetzung dieser Glieder ebendesselben Verhältnisses in beiden Proportionen giebt noch mehrere Fälle, Regeln und Kunstgriffe an die Hand.

1)	2.. 3 = 4.. 6;	allgem.	a..b = c..d
	4.. 6 = 8..12	"	c..d = m..n
	2.. 3 = 8..12	"	a..b = m..n
	2 . 12 = 3 . 8	"	an = bm

oder umgekehrt:

4.. 6 = 2..3;	allgem.	c..d = a..b
8..12 = 4..6	"	m..n = c..d
8..12 = 2..3	"	m..n = a..b
8 . 3 = 12 . 2	"	m . b = n . a

Wenn also ein und ebendasselbe Verhältniß in beiden Proportionen vorkommt, und in einem die Vorder- in andern die Hinterglieder ausmacht, so ...

(§. 106. 2.)

2) $2 .. 4 = 3 .. 6$; allg. $a .. c = b .. d$
$8 .. 4 = 12 .. 6$; $m .. c = n .. d$
$2 .. 8 = 3 .. 12$; $a .. m = b .. n$
$2 . 12 = 8 . 3$; $a . n = b . m$

oder umgekehrt:

$4 .. 2 = 6 .. 3$; allg. $c .. a = d .. b$
$4 .. 8 = 6 .. 12$; $c .. m = d .. n$
$2 .. 8 = 3 .. 12$; $a .. m = b .. n$
$2 . 12 = 8 . 3$; $a . n = m . b$

Wenn in zwei Proportionen die gleichnamigen Glieder ebendieselben sind, so ...

3) $2 .. 4 = 3 .. 6$; allg. $a .. c = b .. d$
$4 .. 8 = 6 .. 12$; $c .. m = d .. n$
$2 .. 8 = 3 .. 12$; $a .. m = b .. n$
$2 . 12 = 3 . 8$; $a . n = m . b$

oder umgekehrt:

$4 .. 2 = 6 .. 3$; allg. $c .. a = d .. b$
$8 .. 4 = 12 .. 6$; $m .. c = n .. d$
$8 .. 2 = 12 .. 3$; $m .. a = n .. b$
$8 . 3 = 2 . 12$; $mb = an$

Wenn also zwei Proportionen verglichen werden, und es sind in einer die vordern, in der andern die hintern gleichnamigen Glieder ebendieselben, so ...

Zur Uebnng.

$2 .. 6 = 1 .. 3$; allg. $r .. q = x .. z$
$4 .. 12 = 1 .. 3$; $v .. w = x .. z$
.... ; ....

$3 .. 4 = 6 .. 8$; allg. $\alpha .. \beta = \gamma .. \delta$
$3 .. 4 = 9 .. 12$; $\beta .. \kappa = \delta .. \vartheta$
.... ; ....

c) mit einerlei äußern oder innern Gliedern.

§. 118. Sind in zwei Proportionen die äußern oder die innern Glieder ebendieselben, so gewährt die Versetzung derselben ebenfalls 3 besondere Fälle.

Wenn nämlich

$$\begin{array}{lll}
1) & 2\,..\,3 = 8\,..\,12; & \text{allg. } a\,..\,b = c\,..\,d \\
 & 2\,..\,4 = 6\,..\,12 & a\,..\,m = n\,..\,d \\ \hline
 & 2\,.\,12 = 3\,.\,8 & ad = bc \\
\text{und} & 2\,.\,12 = 4\,.\,6 & ad = mn \\ \hline
\text{folglich} & 3\,.\,8 = 4\,.\,6 & bc = mn \\ \hline
 & 3\,..\,4 = 6\,..\,8 & b..m = n..c\ (\S.\ 107.)
\end{array}$$

Sind die äußern Glieder in beiden Proportionen ebendieselben, so stehen die mittlern . . .

$$\begin{array}{lll}
2) & 3\,..\,2 = 12\,..\,8; & \text{allg. } b\,..\,a = d\,..\,c \\
 & 4\,..\,2 = 12\,..\,6 & m\,..\,a = d\,..\,n \\ \hline
 & 3\,.\,8 = 4\,.\,6 & bc = mn \\ \hline
 & 3\,..\,4 = 6\,..\,8 & b\,..\,m = n\,..\,c
\end{array}$$

Sind die mittlern Glieder in beiden Proportionen ebendieselben, so stehen die äußern . . .

$$\begin{array}{lll}
3) & 2\,..\,3 = 8\,..\,12; & \text{allg. } a\,..\,b = c\,..\,d \\
 & 4\,..\,2 = 12\,..\,6 & m\,..\,a = d\,..\,n \\ \hline
 & 3\,.\,8 = 4\,.\,6 & bc = md \\ \hline
 & 3\,.\,4 = 6\,.\,8 & b\,..\,m = n\,..\,c
\end{array}$$

oder

$$\begin{array}{ll}
3\,..\,2 = 12\,..\,8; & \text{allg. } b\,..\,a = d\,..\,c \\
2\,..\,4 = 6\,..\,12 & a\,..\,m = n\,..\,d \\ \hline
3\,.\,8 = 4\,.\,6 & bc = mn \\ \hline
3\,..\,4 = 6\,..\,8 & b\,..\,m = n\,..\,c
\end{array}$$

Sind in zwei Proportionen die ungleichnamigen Glieder wechselnd ebendieselben, so stehen die übrigen ungleichnamigen . . .

Verbundene und getrennte ungleiche Proportionen.

§. 119. Wenn man die Glieder eines Verhältnisses (2..3, allgem. a..b) mit den Gliedern eines andern Verhältnisses (4..5, allgem. m..n) multiplicirt (2.4 = 8, 3.5 = 15; allg. am..bn), so nennt man die Glieder derselben verbunden (συγκειμενα) — unschicklich die Verhältnisse zusammensetzte —; dividirt man dagegen die Glieder zweier Verhältnisse durch einander, so heißen jene getrennt (διαιρεθεντα, διῃρημενα). Verbindet oder trennt man nun in diesem Sinne die 4 Glieder zweier verschiedener Proportionen, so macht man noch zwei wichtige Bemerkungen:

a) verbunden:

$$\begin{array}{lcl}
2..3 = 4..6; & \text{allg.} & a..b = c..d \\
4..5 = 8..10 & ; & m..n = q..r \\
\hline
8..15 = 32..60 & ; & am..bn = cq..rd \\
\hline
8.60 = 15.32 & . & amdr = bncq \\
\hline
 & & ad = bc,\ mr = nq
\end{array}$$

d. i. wenn aus zwei Proportionen je zwei einander entsprechende Glieder mit einander durch Multiplication verbunden werden, so ...

b) getrennt:

$$\begin{array}{lcl}
2..3 = 4..6; & \text{allg.} & a..b = c..d \\
4..5 = 8..10 & ; & m..n = q..r \\
\hline
\frac{2}{4}..\frac{3}{5} = \frac{4}{8}..\frac{6}{10} & , & \frac{a}{m}..\frac{b}{n} = \frac{c}{q}..\frac{d}{r} \\
\hline
\frac{2.6}{4.10} = \frac{3.4}{5.8} & . & \frac{ad}{mr} = \frac{bc}{nq}
\end{array}$$

d. i. wenn die einander entsprechenden Glieder zweier Proportionen durch Division getrennt werden, so sind auch die Quotienten ...

Anmerk. Daß dieß bei mehr als zwei Proportionen ebenfalls statt findet, leuchtet daraus ein, daß man immer nur zwei und zwei auf einmal verbinden und trennen kann (§. 4.); als

$$\begin{array}{lll} 1..\ 3 = 2..\ 6; & \text{allg.} & a..b = c..d \\ 2..\ 5 = 4..\ 10 & " & e..f = g..h \\ 9..\ 3 = 6..\ 2 & " & m..n = x..z \\ \hline 18..\ 45 = 48..120 & & aem..bfn = cgx..dhz \\ \hline 18 .\ 120 = 45 .\ 48 & & \end{array}$$

Verbindung der Glieder der Proportionen mit sich selbst.

§. 120. Es können aber auch die Glieder einer Proportion, anstatt mit denen einer andern, mit sich selbst verbunden werden; z. B.

$$\begin{array}{lll} 2..3 = 4..\ 6; & \text{allgemein} & a..b = c..d \\ 2..3 = 4..\ 6 & " & a..b = c..d \\ \hline 4..9 = 16..36 & " & aa..bb = cc..dd \\ \hline 2^2..3^2 = 4^2..6^2\ (\text{§. 42.}) & & a^2..b^2 = c^2..d^2 \end{array}$$

ferner:

$$\begin{array}{lll} 4..9 = 16..\ 36; & \text{allgem.} & a^2..b^2 = c^2..d^2 \\ 2..3 = 4..\ 6 & " & a..b = c..d \\ \hline 8..27 = 64..216 & " & a^2a..b^2b = c^2c..d^2d \\ \hline 2^3..3^3 = 4^3..6^3 & " & a^3..b^3 = c^3..d^3 \end{array}$$

eben so:

$2^4..3^4 = 4^4..6^4$; allg. $a^4..b^4 = c^4..d^4$; u. s. w.

überhaupt:

$2^n..3^n.. = 4^n..6^n$; allg. $a^n..b^n = c^n..d^n$.

Da also dadurch die Glieder der Proportion zu ihren Potenzen erhoben werden (§. 41.), sie selbst aber in Hinsicht der letztern die Wurzeln heißen (§. 43.); so folgt, daß wenn vier Größen proportional sind,

so . . .
umgekehrt, wenn die Potenzen proportionel sind, so . . .

$$2^2 .. 3^2 = 4^2 .. 6^2; \text{ allg. } a^2 .. b^2 = c^2 .. d^2$$

$$\text{folgl. } 2 .. 3 = 4 .. 6, \quad a .. b = c .. d$$

$$\sqrt{2} .. \sqrt{3} = \sqrt{4} .. \sqrt{6}, \quad \sqrt{a} .. \sqrt{b} = \sqrt{c} .. \sqrt{d}$$

allgemein:

$$2^n .. 3^n = 4^n .. 6^n; \text{ allg. } a^n .. b^n = c^n .. d^n$$

$$2 .. 3 = 4 .. 6, \quad a .. b = c .. d$$

$$\sqrt[n]{2} .. \sqrt[n]{3} = \sqrt[n]{4} .. \sqrt[n]{6}; \quad \sqrt[n]{a} .. \sqrt[n]{b} = \sqrt[n]{c} .. \sqrt[n]{d}$$

Falsch wären:

$$2^n .. 3^n = 4^m .. 6^m; \text{ allg. } a^n .. b^n = c^m .. d^m$$

$$\sqrt[n]{2} .. \sqrt[n]{3} = \sqrt[m]{4} .. \sqrt[m]{6}, \quad \sqrt[n]{a} .. \sqrt[n]{b} = \sqrt[m]{c} .. \sqrt[m]{d}$$

Warum?

Anmerk. Aus diesen Wahrheiten erkennen wir, daß wir bis zu der Grenze unseres folgenden Abschnittes vorgedrungen sind. Sie gebieten uns daher hier abzubrechen und zu der andern Unterabtheilung, der Betrachtung der Werthe der Verhältnisse, überzugehen. Bevor wir aber dieses thun, richten wir noch einen Blick auf die sogenannte stetige Proportion.

Stetige Proportion.

§. 121. Es kann auch der Fall eintreten, daß das zweite und dritte Glied eine und ebendieselbe Größe oder Zahl ist, wo man mithin nur drei Proportionalgrößen hat, als

$$2 .. 4 = 4 .. 8; \text{ allgem. } a .. b = b .. d;$$

dann nennt man die Proportion stetig (prop. continua, αναλογια συνεχης, da dagegen die vorige, aus vier Gliedern bestehende discret (prop. discreta, αναλογια διεχης, διῃρημενη, διζευγνυμενη genannt wird. Der Kürze wegen schreibt man das mittlere Glied in jener nur einmal, und bezeichnet sie daher:

$\div 2..4..8$; allgem. $\div a..b..d$.

Unterwerfen wir diese der vorigen Betrachtung, so können,

a) da nur drei Glieder vorhanden sind, diese nicht acht Stellungen (§. 106), sondern . . .

b) Da nach §. 105. a. das Product der äußern Glieder dem Producte der innern gleich ist, als in

$\frac{2..4 = 4..8;}{2 . 8 = 4.4 = 16;}$ allgemein $\frac{a..b = b..d}{ad = bb = b^2}$

und 16 die Quadratzahl von 4, bb die Quadratzahl von b als der mittlern Größe ist (§. 40.); so folgt, daß in jeder stetigen Proportion das Product der äußern Glieder gleich ist . . .

c) Auch die Glieder bekommen eine etwas veränderte Bestimmung, als bei der discreten (§. 108.).

1) wenn in $2..4 = 4..8$, $2 . 8 = 4 . 4$, so ist $2 = \frac{4 . 4}{8}$

allg. in $a..b = b..d$, $ad = b^2$, so ist $a = \frac{b^2}{d}$ (§. 108.),

d. i. das erste Glied wird gefunden, wenn man . . .

2) wenn $2 . 8 = 4^2$, so ist $8 = \frac{4^2}{2}$; $ad = b^2$, folglich $d = \frac{b^2}{a}$, d. i. das dritte Glied wird gefunden, wenn man . . .

3) Es wird daher die mittlere Proportionnalgröße $4 = \sqrt{4^2} = \sqrt{2 \cdot 8}$; $b = \sqrt{b^2} = \sqrt{ad}$ (§. 43.) gefunden, wenn man . . .

Die mittlern Proportionalgrößen zwischen 4 u. 9, 3 u. 27, 1 u. 49, 8 u. 18, 6 u. 24 ꝛc. sind . . .

Anmerk. Die mittlere Proportionalgröße muß von dem sogenannten arithmetischen Mittel unterschieden werden, worunter man eine Zahl zwischen zwei andern versteht, deren eine von ihr, und sie von der andern einerlei Unterschied hat; als

$$2 \div 6 \div 10, \text{ d. i. } 6 - 2 = 4,\ 10 - 6 = 4.$$

Soll es das Mittel zwischen zwei Zahlen seyn, so heißt dieß nichts anders, als die Summe beider Zahlen in 2 gleiche Theile getheilt

$$\left(\frac{2+10}{2} = \frac{12}{2} = 6\right);$$

desgleichen das arithmetische Mittel zwischen drei Zahlen, z. B. $3 \div 8 \div 10 = \frac{3+8+10}{3} = \frac{21}{3} = 7$, (wo $8-3=5$, $10-8=2$, $5+2=7$) allgemein das arithmetische Mittel zwischen n Zahlen heißt der nte Theil von der Summe derselben. Es ist daher die allgemeine Regel, um das arithmetische Mittel zwischen mehrern Zahlen zu finden: . . .

Sie findet Anwendung bei der Bestimmung des mittlern Bestandes der Einkünfte, Verluste u. dgl. im Durchschnitte mehrer Jahre u. dgl. Z. B. wenn Jemand in 3 Jahren 652 Thl., 578 Thl., 705 Thl. einnimmt, so kann er seine jährliche Einnahme . . .

Der jährliche Ertrag eines Guts, wenn es

im 1sten Jahre	1885	Thlr.	einträgt,
= 2ten =	2172	=	=
= 3ten =	1993	=	=
= 4ten =	2018	=	=

. . .

Verhältnißreihe (geometrische).

§. 122. Setzen wir nun zu den drei Gliedern einer stetigen Proportion noch ein 4tes, 5tes, 6tes u. s. w.

welches ebenfalls mit dem vorhergehenden auch in stetiger Proportion steht, so nennt man sie eine stetige Verhältnißreihe (unpassend geometrische Reihe), welche, wenn der Exponent eine ganze Zahl ist, steigend, wenn er ein Bruch ist, fallend heißt. Es sey das erste Glied 3, allgem. a, der Exponent für jene 2, allgem. n, für diese $\frac{1}{2}$ allgem. $\frac{1}{n}$, so ist die

steigende: $\div 3 \;..6 \;..12 \;..24 \;..48 \;..96 \ldots\ldots$
$= 3 \;..3.2 \;..3.4 \;..3.8 \;..3.16 \;..3.32 \ldots\ldots$
$= 3.2^0 \;..3.2^1 \;..3.2^2 \;..3.2^3 \;..3.2^4 \;..3.2^5 \ldots\ldots$
allgem. $\div a \;..an \;..an^2 \;..an^3 \;..an^4 \;..an^5 \ldots\ldots$

fallende: $\div 3 \;..\frac{3}{2} \;..\frac{3}{4} \;..\frac{3}{8} \;..\frac{3}{16} \;..\frac{3}{32} \ldots\ldots$
$= 3 \;..\frac{3}{2^1} \;..\frac{3}{2^2} \;..\frac{3}{2^3} \;..\frac{3}{2^4} \;..\frac{3}{2^5} \ldots\ldots$
allgem. $\div a \;..\frac{a}{n} \;..\frac{a}{n^2} \;..\frac{a}{n^3} \;..\frac{a}{n^4} \;..\frac{a}{n^5} \ldots\ldots$

Hier sind vorzüglich zwei Fragen wichtig.

a) Wie kann man jedes Glied einer solchen Reihe bestimmen, wenn man das erste Glied und den Exponenten weiß?

b) Wie läßt sich die Summe einer gewissen Anzahl Glieder berechnen?

a) Ein Glied der Reihe zu finden.

§. 123. Wenn man die Glieder einer Verhältnißreihe mit Ziffern bezeichnet, daß die

steigende: $a \;..an \;..an^2 \;..an^3 \;..an^4 \;..an^5 \ldots\ldots$

fallende: $a \;..\frac{a}{n} \;..\frac{a}{n^2} \;..\frac{a}{n^3} \;..\frac{a}{n^4} \;..\frac{a}{n^5} \ldots\ldots$

Gliederzahl: 1 . 2 . 3 . 4 . 5 . 6....

so bemerkt man, daß der Exponent immer um 1 kleiner ist, als die Zahl des Gliedes, dem er angehört; nämlich

das 3te Glied $= an^2$, und $\frac{a}{n^2}$,
„ 4te „ $= an^3$, „ $\frac{a}{n^3}$,
„ 5te „ $= an^4$, „ $\frac{a}{n^4}$, folglich:
„ mte „ $= an^{m-1}$, „ $\frac{a}{n^{m-1}}$

Um also ein Glied einer Reihe zu bestimmen, deren erstes Glied und Exponent bekannt sind, erhebt man den Exponenten auf die Potenz der Zahl der Glieder weniger eins $(m-1)$, mit welcher man bei einer steigenden Reihe das erste Glied multiplicirt, bei einer fallenden Reihe dasselbe dividirt.

Z. B. das 1ste Glied sey $= 3$, Exponent $= 2$, so ist
das 6te Glied $= \ldots$
„ 15te „ $= \ldots$
„ 20ste „ $= \ldots$

Anmerk. Nach der Erzählung eines arabischen Schriftstellers hat der Erfinder des Schachspiels, Sessa Ebn Dahir, ein Indier, im 5ten Jahrhunderte nach Christi Geburt, als ihm der König von Persien, Ardshir Ebn Babec, für seine Erfindung eine Bitte zu gewähren versprochen hat, soviel Waizenkörner verlangt, als auf die 64 Felder des Schachbrets gehen würden, wenn auf das erste 1, auf das 2te 2, auf das 3te $2 \cdot 2 = 4$, auf das 4te $2 \cdot 4 = 8$ u. s. w. immer verdoppelt fort, bis zum 64sten gelegt würden. Die Zahlen der Körner auf den Feldern geben eine Reihe, in welcher das 1ste Glied $= 1$, der Exponent $= 2$ ist. Wieviel Körner kommen auf das 64ste Feld?
Reihe ...
aufs 64ste ...

Zu solchen Berechnungen bedient man sich bequemer der Logarithmen (§. 185.)

b) Die Summe der Reihe.

§. 124. Da in einer solchen Reihe auch je vier Glieder in Proportion stehen müssen (§. 112.) und die Producte der äußern Glieder gleich denen der innern sind (§. 106. a.), als

in $\underline{3 .. 6 = 12 . 24}$; allgem. $\underline{a .. an = an^2 .. an^3}$
$3 . 24 = 6 . 12$. $a . an^3 = an . an^2$

dsgl. $\underline{3 .. 6 = 48 .. 96}$; allgem. $\underline{a .. an = an^4 .. an^5}$
$3 . 96 = 6 . 48$. $a . an^5 = an . an^4$

in $a .. an .. an^2 .. an^3 .. an^4 .. an^5$ .....
$a . an^5 = an . an^4 = an^2 . an^3$, so folgt zwar (auf ähnliche Weise wie §. 77. Anm. 4.), daß ...

Allein die Producte der Glieder können nicht (wie oben §. 77. Anm. 4.) die Summe derselben geben, sondern man müßte deshalb die Glieder der Reihe einzeln addiren. Da dieß aber oft zu langweilig seyn würde, so kann man sich durch einen arithmetischen Kunstgriff eine allgemeine Formel bilden. Die Summe der Reihe heiße S,

$$S = \overset{1}{a} + \overset{2}{an} + \overset{3}{an^2} + \overset{4}{an^3} + \overset{5}{an^4} + \ldots \text{m. n multipl.}$$
$$\underline{nS = an + an^2 + an^3 + an^4 + an^5 + \ldots} \text{ d. obere subtr.}$$

$(n-1)S = (an^5 - a)$, folgl. $S = \frac{(an^5 - a)}{n-1}$; und wenn die Anzahl der Glieder m heißt, $S = \frac{an^m - a}{n-1}$; das heißt: Um die Summe einer Verhältnißreihe zu finden, ...

Anmerk. Wenn das erste Glied $a = 1$ ist, so verwandelt sich jene Formel $S = \frac{an^m - a}{n-1}$ in $\frac{n^m - 1}{n - 1}$, welche öftere Anwendung findet. — Wenn Jemand ein Pferd verkauft und sich blos die 32 Hufnägel bezahlen läßt, so daß der erste 1 Pfennig, der zweite

2 Pf., der dritte 4 Pf., der vierte 8 Pf. u. s. w. kostet, so kommt das Pferd auf . . .

Die Zahl der Waitzenkörner, welche der Erfinder des Schachspiels auf die 64 Feldern des Schachbrets verlangte, und die den Persischen König in großes Erstaunen setzte, war

= . . .

welche ebenfalls bequemer durch Logarithmen berechnet wird.

2.

Von den Werthen der Verhältnisse, oder Von den Brüchen.

§. 125. Wir wissen schon aus dem obigen (§. 39.), daß der Werth eines Verhältnisses als ein Bruch erkannt wird, dessen Zähler das erste und dessen Nenner das zweite Glied ist; z. B.

$$2 \,..\, 3 = \tfrac{2}{3};\quad 4 \,..\, 3 = \tfrac{4}{3};\quad a \,..\, b = \frac{a}{b} \text{ ic.}$$

Die Betrachtung der Werthe der Verhältnisse ist daher mit der der Brüche ganz einerlei, und es braucht mithin nur von Brüchen die Rede zu seyn.

Da also die Factoren eines Bruchs nichts anders sind, als die Glieder eines Verhältnisses, jeder Bruch selbst aber einen Größenwerth hat, so muß

a) von den Factoren der Brüche alles gelten, was . . .

b) von den Werthen der Brüche alles das, was . . .

a) Von den Factoren der Brüche.

§. 126. Da (nach §. 98.) ein Verhältniß

1) desto größer ist, je größer das erste und je kleiner das zweite Glied ist, in einem Bruche aber das erste

der Zähler, das zweite der Nenner, so folgt, daß ein Bruch ...

b) Umgekehrt muß aus gleichem Grunde ein Bruch desto kleiner seyn, ...

Vergrößerung und Verkleinerung der Factoren.

§. 127. Vergrößern oder verkleinern wir die Factoren eines Bruches mittelst der vier Rechnungsoperationen, wie (§. 101.) die Glieder des Verhältnisses, so müssen auch die dort gefundenen Wahrheiten wieder hier statt finden. Der Bruch sey $\frac{3}{5}$, allg. $\frac{a}{b}$, und es geschehe

a) bei einem Factor allein.

1) Addirt man zum Zähler eine Zahl oder Größe, als:

$\frac{3+1}{5} = \frac{4}{5} > \frac{3}{5}$, allgem. $\frac{a+n}{b} > \frac{a}{b}$, so wird der Bruch ...

2) addirt man zum Nenner, als:

$\frac{3}{5+2} = \frac{3}{7} < \frac{3}{5}$, allgem. $\frac{a}{b+n} < \frac{a}{b}$, so wird der Bruch ...

3) subtrahirt man vom Zähler, als:

$\frac{3-1}{5} = \frac{2}{5} < \frac{3}{5}$, allgem. $\frac{a-n}{b} < \frac{a}{b}$, so wird der Bruch ...

4) subtrahirt man vom Nenner, als:

$\frac{3}{5-1} = \frac{3}{4} > \frac{3}{5}$; allgem. $\frac{a}{b-n} > \frac{a}{b}$, so wird der Bruch ...

5) multiplieirt man den Zähler mit einer ganzen Zahl, als;

$\frac{3.2}{5} = \frac{6}{5} > \frac{3}{5}$; allgemein $\frac{am}{b} > \frac{a}{b}$, so wird der Bruch ...

6) multiplicirt man den Nenner mit einer ganzen Zahl, als:

$\frac{3}{5.2} = \frac{3}{10} < \frac{3}{5}$; allgemein $\frac{a}{bm} < \frac{a}{b}$, so wird der Bruch ...

7) dividirt man den Zähler mit einer ganzen Zahl, als:

$\frac{3:2}{5} = \frac{3}{5}:2 = \frac{3}{5.2}$; allgem. $\frac{a:m}{b} = \frac{a}{b}:m = \frac{a}{b.m}$ so ist es eben soviel, als wenn man ...

8) dividirt man dagegen den Nenner mit einer ganzen Zahl, als

$\frac{3}{5:2} = \frac{3.2}{5} = \frac{6}{5}$; allgem. $\frac{a}{b:m} = \frac{am}{b}$, so ist es eben soviel, als wenn man ...

2) bei Zählern und Nennern zugleich;

§. 128. Hierbei ist wieder obiger Unterschied (§. 102.) zu machen. Der Bruch sey $\frac{3}{4}$ und umgekehrt $\frac{4}{3}$, allg. $\frac{a}{b}$ und $\frac{b}{a}$, wo $b > a$, die vermehrende oder vermindernde Zahl 2, allgem. n.

1) Addirt, $\frac{3+2}{4+2} = \frac{5}{6} > \frac{3}{4}$; allg. $\frac{a+n}{b+n} > \frac{a}{b}$

$\frac{4+2}{3+2} = \frac{6}{5} < \frac{4}{3}$, $\frac{b+n}{a+n} < \frac{b}{a}$

addirt man also zum Zähler und Nenner Gleiches, so wird der Bruch,

α) wenn er ein ächter ist, ...
β) ein unächter, ...

2) Subtr. $\frac{3-2}{4-2} = \frac{1}{2} < \frac{3}{4}$; allg. $\frac{a-n}{b-n} < \frac{a}{b}$

$\frac{4-2}{3-2} = \frac{2}{1} = 2 > \frac{4}{3}$: $\frac{n-b}{n-a} > \frac{b}{a}$

subtrahirt man von beiden Gleiches, so wird
α) ein ächter Bruch ...
β) ein unächter, ...

3) Multipl. $\frac{3.2}{4.2} = \frac{6}{8} = \frac{3}{4}$; allg. $\frac{a.n}{b.n} = \frac{a}{b}$

$\frac{4.2}{3.2} = \frac{8}{6} = \frac{4}{3}$: $\frac{b.n}{a.n} = \frac{b}{a}$

multiplicirt man Zähler und Nenner mit Gleichen, so ...

4) Divid. $\frac{3:2}{4:2} = \frac{\frac{3}{2}}{2} = \frac{3}{2.2} = \frac{3}{4}$; allg. $\frac{a:n}{b:n} = \frac{a}{b}$

$\frac{4:2}{3:2} = \frac{2}{\frac{3}{2}} = \frac{2.2}{3} = \frac{4}{3}$; , $\frac{b:n}{a:n} = \frac{b}{a}$

dividirt man beide mit einer Zahl, so ...

Diese zwei letzten Wahrheiten sind von besonderer Wichtigkeit.

Anmerk. Es ergiebt sich hieraus auch der Kunstgriff, daß wenn Zähler und Nenner einerlei Factoren haben, als

$$\frac{6}{8} = \frac{2.3}{2.4} = \frac{3}{4}, \text{ allgem. } \frac{a.n}{b.n} = \frac{a}{b},$$

man diese ohne die Größe des Bruchs zu ändern (salva fractionis quantitate), ...

1) Einen Bruch auf einen andern Nenner bringen.

§. 129. Aus §. 128. 3. nämlich sehen wir, daß durch die Multiplication des Zählers und Nenners mit einer und derselben Zahl der Bruch, ohne seinen Werth zu ändern, auf einen andern Nenner gebracht werden kann: (4tel auf 8tel, btheile auf bntheile).

Um also Brüche auf andere Nenner zu bringen, z. E.

$\frac{2}{3}$ auf 12tel, $\frac{2.4}{3.4} = \frac{8}{12}$; allgem. $\frac{a}{b} = \frac{an}{bn}$

$\frac{6}{12}$ auf 4tel, $\frac{6:3}{12:3} = \frac{2}{4}$, $\frac{\frac{an}{n}}{\frac{bn}{n}} = \frac{a}{b}$

so muß, je nachdem man durch Multiplication oder Division mit einer gewissen Zahl den bestimmten Nenner erzeugen kann, . . .

Daraus leuchtet überhaupt der Kunstgriff ein, um einen Bruch auf einen bestimmten Nenner zu bringen, z. E. 4tel auf 6tel, 3tel auf 5tel u. s. w.

$\frac{2}{4} = \frac{2.6}{4.6} = \frac{12:4}{6} = \frac{3}{6}$; $\frac{2}{3} = \frac{2.5}{3.5} = \frac{10:3}{5}$

allgem. $\frac{a}{b} = \frac{an}{bn} = \frac{an:b}{n}$

Man multiplicirt . . .

Zur Uebung.

$\frac{2}{3}$ auf 7 Thl., . . .

$\frac{3}{4}$, 6 Thl., . . .

$\frac{k}{n}$, m Thl., . . .

b) Einen Bruch aufheben oder reduciren.

§. 130. Da nach §. 124. der Werth eines Bruchs durch Division des Zählers und Nenners mit einer und ebenderselben Zahl unverändert bleibt, so läßt sich dadurch ein Bruch auf einen kleinern, ja den kleinsten Nenner bringen. Dieses nennt man einen Bruch aufheben oder reduciren (ad minimos terminos reducere). Z. B.

$$\frac{6}{12} = \frac{1}{2},\ \frac{10}{14} = \frac{5}{7},\ \frac{4}{18} = \frac{2}{9},\ \frac{56}{72} = \frac{7}{9} \text{ rc.}$$

Es ist mithin die Regel: . . .

Zur Uebung.

$$\frac{6}{10},\ \frac{7}{21},\ \frac{15}{25},\ \frac{18}{99},\ \frac{57}{95},\ \frac{26}{117},\ \frac{64}{112} =$$

$= . . .$

$$\frac{13}{39},\ \frac{28}{49},\ \frac{51}{68},\ \frac{82}{123},\ \frac{84}{132},\ \frac{198}{330},\ \frac{1080}{1512}$$

$= . . .$

Es setzt aber voraus, daß Zähler und Nenner einen gemeinschaftlichen Theiler haben (§. 73.), und man diesen auch gefunden hat; sind dagegen die Factoren des Bruchs Primzahlen unter sich (§. 74. Anm. 2.) so ist keine Aufhebung möglich. Z. E.

$$\frac{5}{8},\ \frac{3}{10},\ \frac{6}{11},\ \frac{8}{17} \text{ u. s. f.}$$

Brüche auf einerlei Nenner oder Benennung bringen.

§. 131. Gemäß dem allgemeinen Gesetze, daß Zahlen, welche verglichen werden sollen, sich auf einerlei Maaß beziehen müssen (§. 24. 1. u. §. 77.), müssen Brüche, um sie vergleichen zu können, einerlei Nenner haben. Haben sie aber verschiedene Nenner, d. i. sind sie Theile verschiedenen Maaßes (als $\frac{3}{4}$ und $\frac{3}{8}$, $\frac{2}{3}$ und $\frac{3}{5}$ rc.), so muß man sie auf einerlei Nenner bringen. Man nennt dieses Brüchen einerlei Benennung geben, oder Brüche einrichten. Hierbei können drei Fälle statt finden:

a) entweder der eine Nenner läßt sich in den andern ohne Rest dividiren, d. i. der größere ist ein Vielfaches von dem kleinern, z. E. $\frac{3}{4}$ und $\frac{3}{8}$; denn da $\frac{8}{4} = 2$, so ist $\frac{3}{4} = \frac{3 \cdot 2}{4 \cdot 2} = \frac{6}{8}$.

$\frac{1}{3}$ und $\frac{5}{9}$, da $9:3=3$, $\frac{1}{3}=\frac{1\cdot 3}{3\cdot 3}=\frac{3}{9}$ ꝛc.

allg. $\frac{a}{b}$ und $\frac{c}{bn}$; da $\frac{bn}{b}=n$, $\frac{a}{b}=\frac{an}{bn}$

Regel. . . .

Zur Uebung.

$\frac{2}{3}$ und $\frac{5}{12}$, . . . ; $\frac{19}{60}$ und $\frac{3}{5}$, . . .
$\frac{5}{6}$ und $\frac{11}{18}$, . . . ; $\frac{7}{24}$ und $\frac{7}{8}$, . . .

b) oder die Nenner haben einen gemeinschaftlichen Theiler; z. E.

in $\frac{3}{6}$ und $\frac{5}{9}$, $6 = 2 \cdot 3$, $9 = 3 \cdot 3$, wo 3;

in $\frac{1}{2}$, $\frac{5}{6}$, $\frac{3}{8}$, $2 = 1 \cdot 2$, $6 = 3 \cdot 2$, $8 = 4 \cdot 2$, wo 2 gemeinschaftlicher Theiler ist. Dann muß man diejenige Zahl suchen, worinne alle Nenner ohne Rest aufgehen, und welche man den Generalnenner nennt, und alle Brüche darnach einrichten.

Um den kleinsten Generalnenner zu finden, schreibt man die einzurichtenden Brüche untereinander, zerlegt ihre Nenner in ihre Factoren, streicht die in zwei Nenner vorkommenden gegen einander aus, und multiplicirt die übrigbleibenden, wo dann das Product den kleinsten Generalnenner giebt.

	36
$\frac{2}{3}$	1 . 3
$\frac{3}{4}$	2 . 2
$\frac{5}{6}$	2 . 3
$\frac{8}{9}$	3 . 3
$\frac{7}{12}$	2 . 2 . 3

Das Einrichten der Brüche geschieht nun so, daß man jeden Zähler mit dem Generalnenner in ebendasselbe Verhältniß setzt, in welchem er zu seinen Nennern steht. Z. B. für die Brüche $\frac{3}{6}$ und $\frac{5}{9}$ ist der Generalnenner 18; es verhält sich also:

$6 \,..\, 3 = 18 \,..\, \frac{18 \cdot 3}{6} = 9$; mithin $\frac{3}{6} = \frac{9}{18}$,

$9 \,..\, 5 = 18 \,..\, \frac{18 \cdot 5}{9} = 10$; „ $\frac{5}{9} = \frac{10}{18}$

Für die Brüche $\frac{2}{3}$, $\frac{3}{4}$, $\frac{5}{6}$, $\frac{8}{9}$, $\frac{7}{12}$ ist der Generalnenner $= 36$; daher verhält sich

$$3..2 = 36..\frac{2.36}{3} = 24; \text{ folgl. } \frac{2}{3} = \frac{24}{36}$$

$$4..3 = 36..\frac{3.36}{4} = 27; \quad \text{''} \quad \frac{3}{4} = \frac{27}{36}$$

$$6..5 = 36..\frac{5.36}{6} = 30; \quad \text{''} \quad \frac{5}{6} = \frac{30}{36}$$

$$9..8 = 36..\frac{8.36}{9} = 32; \text{ folgl. } \frac{8}{9} = \frac{32}{36}$$

$$12..7 = 36..\frac{7.36}{12} = 21; \quad \text{''} \quad \frac{7}{12} = \frac{21}{36}$$

Allgem. für $\frac{a}{b}$, $\frac{c}{d}$, $\frac{m}{n}$ der Generalnenner $= bdn$; daher

$$b..a = bdn..\frac{abdn}{b} = adn; \text{ folgl. } \frac{a}{b} = \frac{adn}{bdn}$$

$$d..c = bdn..\frac{cbdn}{d} = cbn; \quad \text{''} \quad \frac{c}{d} = \frac{cbn}{dbn}$$

$$n..m = bdn..\frac{bdnm}{n} = bdm; \quad \text{''} \quad \frac{m}{n} = \frac{bdm}{bdn}$$

Hieraus läßt sich nun die allgemeine Regel bestimmen, daß, sobald der Generalnenner ausgemittelt ist, die neuen Zähler gefunden werden, wenn man . . .

c) oder die Nenner sind Primzahlen unter sich (§. 74. Anm. 2.), als $\frac{2}{3}$, $\frac{2}{5}$, $\frac{3}{4}$, $\frac{5}{7}$ rc., die blos in Producten aus ihnen selbst aufgehen, welche daher selbst die Generalnenner für sie sind, nämlich:

1) für $\frac{2}{3}$ und $\frac{2}{5}$ ist der Gen. Nenn. $= 3.5 = 15$
2) " $\frac{2}{3}$, $\frac{2}{5}$ und $\frac{3}{4}$ " " " $= 3.5.4 = 60$
3) " $\frac{2}{3}$, $\frac{2}{5}$, $\frac{3}{4}$ und $\frac{5}{7}$ " " $= 3.5.4.7 = 420$

Richtet man nun mittelst voriger Regel diese Brüche nach ihrem Generalnenner ein, so ist

1) $\frac{2}{3} = \frac{10}{15}$, $\frac{2}{5} = \frac{6}{15}$,
2) $\frac{2}{3} = \frac{40}{60}$, $\frac{2}{5} = \frac{24}{60}$, $\frac{3}{4} = \frac{45}{60}$;
3) $\frac{2}{3} = \frac{280}{420}$, $\frac{2}{5} = \frac{168}{420}$, $\frac{3}{4} = \frac{250}{420}$, $\frac{5}{7} = \frac{315}{420}$.

Um dieses in der höchsten Allgemeinheit zu bestimmen, so seyen die Brüche $\frac{a}{b}$, $\frac{c}{d}$, $\frac{m}{n}$, $\frac{p}{q}$, wo die Nenner b, d, n, q Primzahlen unter sich bedeuten mögen.

Hier ist

1) für $\frac{a}{b}$ und $\frac{c}{d}$, der Generalnenner $=$ bd

2) „ $\frac{a}{b}$, $\frac{c}{d}$ und $\frac{m}{n}$ „ $=$ bdn

3) „ $\frac{a}{b}$, $\frac{c}{d}$, $\frac{m}{n}$ und $\frac{p}{q}$ „ $=$ bdnq

und nach diesen die Brüche:

1) $\frac{a}{b} = \frac{ad}{bd}$, $\frac{c}{d} = \frac{cb}{bd}$

2) $\frac{a}{b} = \frac{adn}{bdn}$, $\frac{c}{d} = \frac{cbn}{bdn}$, $\frac{m}{n} = \frac{bdm}{bdn}$

3) $\frac{a}{b} = \frac{adnq}{bdnq}$, $\frac{c}{d} = \frac{cbnq}{bdnq}$, $\frac{m}{n} = \frac{bdmq}{bdnq}$, $\frac{p}{q} = \frac{bdnp}{bdnq}$

Hieraus läßt sich die allgemeine Regel, um Brüche, deren Nenner Primzahlen unter sich sind, unter einerlei Benennung zu bringen, ableiten: . . .

Gewöhnliche Brüche in Decimalbrüche zu verwandeln.

§. 132. Allein da wir uns des decadischen Zahlensystems bedienen, so ist es oft bequemer, die Brüche nach diesem einzurichten, d. h. in Decimalbrüche (§. 70.) zu verwandeln, wo, wenn man sie

als 10theile haben will, der Nenner 10
„ 100theile „ „ „ „ 100
„ 1000theile „ „ „ „ 1000 ꝛc.

seyn muß. Es leuchtet daher das Verfahren aus vorigem §. von selbst ein.

Die Brüche seyen z. E. $\frac{1}{2}$, $\frac{3}{5}$, $\frac{3}{4}$ ꝛc., so verhält sich:

$$2 .. 1 = 10 .. \frac{1 . 10}{2} = 5, \text{ folgl. } \frac{1}{2} = \frac{5}{10} = 0{,}5$$

$$5 .. 3 = 10 .. \frac{3 . 10}{5} = 6, \quad \text{,,} \quad \frac{3}{5} = \frac{6}{10} = 0{,}6$$

$$4 .. 3 = 100 .. \frac{3 . 100}{4} = 75, \quad \text{,,} \quad \frac{3}{4} = \frac{75}{100} = 0{,}75$$

u. dergl.

Allgemein sey der Zähler $= a$, der Nenner $= b$, so verhält sich $b .. a = 10 .. \frac{a . 10}{b} =$ dem Decimalbruche. Da man nun, um mit 10 zu multipliciren, an die Zahl nur eine Null anzuhängen hat (§. 81.), so ergiebt sich, daß man, um einen Bruch in einen Decimalbruch zu verwandeln, . . .

Anmerk. Es ist nützlich, eine Tabelle der gewöhnlichen Brüche in Decimalbrüchen zu entwerfen und zur Hand zu haben.

Perioden der Decimalbrüche.

§. 133. Bei dieser Verwandlung der Brüche können zwei Fälle statt finden:

a) entweder der Bruch läßt sich in Decimaltheilen völlig ausdrücken, in welchem Fall die Division aufgeht. Z. B.

$\frac{1}{2} = 0{,}5$; $\frac{3}{4} = 0{,}75$; $\frac{3}{5} = 0{,}6$; $\frac{5}{8} = 0{,}625$ ꝛc.

b) oder der Bruch ist in Decimaltheilen nicht ausdrückbar (§. 30. b. u. 59.), wo die Division nie aufgeht. Z. E.

$\frac{1}{3} = 0{,}333\ldots$; $\frac{1}{6} = 0{,}1666\ldots$; $\frac{4}{11} = 0{,}3636\ldots$;

Im letzten Falle kehren entweder 1 oder 2, oder 3,

oder 5 ꝛc., höchstens wenn der Nenner (n) eine Primzahl ist (n—1) Zahlen immer wieder zurück, als:

$\frac{2}{9} = 0,2222\ldots; \frac{2}{11} = 0,181818\ldots;$

$\frac{7}{111} = 0,063063063\ldots; \frac{6}{7} = 0,857142857142\ldots$

Solche wiederkehrende Reihen Ziffern nennt man Perioden der Decimalbrüche.

Decimalbrüche in gewöhnliche zu verwandeln.

§. 134. Wenn man gewöhnliche Brüche in Decimalbrüche verwandeln kann, so müssen sich auch letztere in gewöhnliche verwandeln lassen; und da jenes durch Multiplication geschah, so muß dieses durch Division oder Aufheben des Decimalbruchs geschehen; als

$$0,5 = \frac{5}{10} = \frac{5:5}{10:5} = \frac{1}{2} \text{ (§. 130.)}$$

$$0,25 = \frac{25}{100} = \frac{25:25}{100:25} = \frac{1}{4}$$

$$0,375 = \frac{375}{1000} = \frac{375:125}{1000:125} = \frac{3}{8}$$

Allein da dieses Verfahren nur auf auflösbare Brüche anwendbar ist, so können alle periodische Decimalbrüche dadurch nicht genau in gewöhnliche verwandelt werden. Für diese bedient man sich daher eines besondern Kunstgriffes.

Der Decimalbruch heiße überhaupt d. Hat nun

1) die Periode eine Ziffer, als

$d = 0,33333\ldots,$ mithin (§. 70.)

$10d = 3,33333\ldots,$ (subtrahirt 1 d davon)

$9d = 3,$ folgl. $d = \frac{3}{9} = \frac{1}{3}$ (§. 130.), so . . .

2) Hat die Periode 2 Ziffern, als

$d = 0,454545\ldots,$ mithin (§. 83.)

$100d = 45,454545\ldots,$ davon d subtrahirt,

$99d = 45;$ folglich $d = \frac{45}{99} = \frac{5}{11},$ so . . .

3) Hat die Periode 3 Ziffern, als

$$d = 0{,}296296\ldots, \text{ so ist (§. 83.)}$$
$$1000d = 296{,}296296\ldots, \text{ (subtrahirt)}$$
$$999d = 296; \text{ folglich } d = \tfrac{296}{999} = \tfrac{8}{27}; \text{ also} \ldots$$

Auf gleiche Weise, wenn die Periode noch mehr Ziffern hat.

Fängt aber die Periode erst nach andern Ziffern an, als

4) nach einer Ziffer, als

$$d = 0{,}833333\ldots, \text{ mithin}$$
$$10d = 8{,}333333\ldots; \text{ davon subtrahirt}$$
$$9d = 7{,}5$$
$$90d = 75; \text{ folgl. } d = \tfrac{75}{90} = \tfrac{5}{6}; \text{ dann} \ldots$$

5) nach 2 Ziffern, als

$$d = 0{,}416666\ldots, \text{ so ist}$$
$$10d = 4{,}166666\ldots \text{ (subtrahirt)}$$
$$9d = 3{,}75 \text{ und}$$
$$900d = 375, \text{ folglich } d = \tfrac{375}{900} = \tfrac{5}{12}; \text{ also} \ldots$$

Für alle andere Fälle sind die Regeln von derselben Art.

Zur Uebung.

0,5555 . . . . = "	0,16666 . . . . = "
0,8888 . . . . =	0,46666 . . . . =
0,272727 . . . . . . =	0,97777 . . . . =
0,324324 . . . . . . =	0,58333 . . . . =
0,540540 . . . . . . =	0,91666 . . . . =
0,3658536585 . . . =	0,54666 . . . . =
0,1428571428 . . . =	0,230769230 . . . =

b) Von den Werthen der Brüche.

§. 135. Betrachten wir endlich die Brüche in Rücksicht ihrer Werthe, d. i. als Größen oder Zahlen, so muß von ihnen auch alles gelten, was von jenen als solchen gilt; sie müssen mithin den Rechnungsoperationen unterworfen werden können.

Addition und Subtraction der Brüche.

Da Zahlen nur unter der Bedingung addirt und subtrahirt werden können, daß sie einerlei Maaß haben (§. 24. und 77.), so können es die Brüche nur dann, wenn sie einerlei Nenner haben. Sind sie daher von verschiedenem Nenner, so müssen sie auf einen gebracht werden. Dieses kann auf zweierlei Weise geschehen: entweder wenn man sie (nach §. 132.) in Decimalbrüche verwandelt und nach §. 77. u. 78. verfährt; oder sie nach §. 131. zu einerlei Benennung bringt.

a) Addirt: $\frac{3}{4} + \frac{1}{3} = \frac{9}{12} + \frac{4}{12} = \frac{9+4}{12} = \frac{13}{12} = 1\frac{1}{12}$

$\frac{1}{2} + \frac{4}{5} = \frac{5}{10} + \frac{8}{10} = \frac{5+8}{10} = \frac{13}{10} = 1\frac{3}{10}$

$\frac{1}{3} + \frac{5}{6} + \frac{2}{5} = \frac{10}{30} + \frac{25}{30} + \frac{12}{30} =$

$= \frac{10+25+12}{30} = \frac{47}{30} = 1\frac{17}{30}$

Allgem. $\frac{a}{b} + \frac{c}{d} + \frac{m}{n} = \frac{adn + cbn + bdm}{bdn}$

Regel: Um Brüche zu addiren . . .

b) Subtr. $\frac{3}{4} - \frac{1}{3} = \frac{9}{12} - \frac{4}{12} = \frac{9-4}{12} = \frac{5}{12}$

$\frac{5}{6} - \frac{3}{8} = \frac{20}{24} - \frac{9}{24} = \frac{20-9}{24} = \frac{11}{24}$

Allgem. $\frac{a}{b} - \frac{c}{d} = \frac{ad}{bd} - \frac{cb}{bd} = \frac{ad-cb}{bd}$

Regel: Um die Brüche zu subtrahiren . . .

Multiplication der Brüche.

§. 136. Was §. 31. von der Multiplication überhaupt gesagt ist, gilt auch von der der Brüche, wobei 3 Fälle statt finden können:

Es kann nämlich multiplicirt werden,

a) entweder ein Bruch mit einer ganzen Zahl m, wobei er mmal größer wird (§. 127. 5.), z. B.

$\frac{3}{5} \times 4 = \frac{3 \times 4}{5} = \frac{12}{5}$; $\frac{4}{3} \times 2 = \frac{4 \times 2}{3} = \frac{8}{3}$

Allgem. $\frac{a}{b} \times m = \frac{am}{b}$

Regel: . . .

b) oder eine ganze Zahl mit einem Bruche, d. h. es soll eine Zahl nicht ganz, sondern nur ein aliquoter Theil von ihr ($\frac{1}{2}$, $\frac{1}{3}$, $\frac{2}{3}$, $\frac{1}{4}$, $\frac{3}{4}$. . . . oder wie sonst der Bruch des Multiplicators heißt,) gedacht werden. Z. B.

$6 \times \frac{2}{3} = \frac{6 \cdot 2}{3} = \frac{12}{3} = 4$; $4 \times \frac{1}{2} = \frac{4 \cdot 1}{2} = \frac{4}{2} = 2$

Allgem. $a \times \frac{m}{n} = \frac{am}{n} = \frac{a}{n} \cdot m$

Regel: . . .

c) oder ein Bruch mit einem Bruche, d. h. einen Bruch nicht ganz, sondern $\frac{1}{2}$, $\frac{1}{3}$, $\frac{2}{3}$, $\frac{1}{4}$ ꝛc. davon denken, als (Fig. 12.):

$\frac{3}{4} \times \frac{1}{2} = \frac{3 \cdot 1}{4 \cdot 2} = \frac{3}{8}$; $\frac{4}{5} \times \frac{2}{3} = \frac{4 \cdot 2}{5 \cdot 3} = \frac{8}{15}$

Allgem. $\frac{a}{b} \times \frac{m}{n} = \frac{am}{bn}$

Regel: . . .

Division der Brüche.

§. 137. Gleiche Bewandniß hat es bei der Division der Brüche, wobei ebenfalls drei Fälle statt finden können, indem man zu dividiren hat,

a) entweder einen Bruch mit einer ganzen Zahl n, wo der Bruch nmal kleiner wird (§. 127. 7.). Z. E.

$\frac{4}{5} : 2 = \frac{4}{5 \cdot 2} = \frac{2}{5}$; $\frac{3}{4} : 2 = \frac{3 : 2}{4} = \frac{3}{4 \cdot 2} = \frac{3}{8}$

Allgem. $\frac{a}{b} : n = \frac{a : n}{b} = \frac{a}{bn}$

Regel: . . .

b) oder eine ganze Zahl mit einem Bruche, d. h. es soll bestimmt werden, welchen Werth die ganze Zahl hat, wenn man den Bruch als Maaß (für sie) annimmt. Z. B. $2 : \frac{3}{4}$, d. i. wenn 2 nach $\frac{3}{4}$ eingetheilt wird, so sind $\frac{3}{4}$ (nach §. 127, 8.) $= \frac{2}{\frac{3}{4}} = \frac{2 \cdot 4}{3}$ $= \frac{8}{3} = 2\frac{2}{3}$mal darinne enthalten.

$6 : \frac{3}{4} = \frac{6}{\frac{3}{4}} = \frac{6 \cdot 4}{3} = 2 \cdot 4 = 8$; $3 : \frac{2}{5} = \frac{3}{\frac{2}{5}} = \frac{15}{2}$ $= 7\frac{1}{2}$mal.

Allgem. $a : \frac{m}{n} = \frac{a}{\frac{m}{n}} = \frac{an}{m} = \frac{a}{m} \cdot n$

Regel: . . .

c) oder einen Bruch mit einem Bruche, d. i. es soll bestimmt werden, welchen Werth ein Bruch nach einem andern Bruche als Maaß hat; z. E. $\frac{3}{4}$ nach $\frac{2}{3}$ getheilt (Fig. 13.), so ist:

$\frac{3}{4} : \frac{2}{3} = \frac{\frac{3}{4}}{\frac{2}{3}} = \frac{3 \cdot 3}{4 \cdot 2} = \frac{9}{8} = 1\frac{1}{8}$ (§. 127. 7. 8.)

$\frac{3}{8} : \frac{1}{2} = \frac{\frac{3}{8}}{\frac{1}{2}} = \frac{6}{8}$

Allgem. $\frac{a}{b} : \frac{m}{n} = \frac{\frac{a}{b}}{\frac{m}{n}} = \frac{an}{bm}$

Regel: . . .

Dritter Abschnitt.

Von den Vielfachen der Verhältnisse.

Einleitung.

§. 137. Nachdem bisher die Zahlen blos als Vielfache einer gewissen Grundgröße betrachtet worden sind, und zwar sowohl in Beziehung auf die letztere, als Zahlen an sich (von §. 64. — 97.), als auch in Beziehung aufeinander (als Verhältnisse, von §. 98 — 136.), so ist uns nur die Betrachtung derselben als Vielfacher eines gewissen Grundverhältnisses übrig. Oben (§. 41. rc.) haben wir gesehen, daß, wenn im Allgemeinen die Reihe der Vielfachen eines Grundverhältnisses

1 . . a . . aa . . aaa . . aaaa . . aaaaa . . . . . .

a^0 . . a^1 . . a^2 . . a^3 . . a^4 . . a^5 . . . . heißt,

das	1fache	Verhältniß	a^1,	die	1ste Potenz	(Grundzahl)
=	2fache	= =	a^2,	=	2te =	(Quadratz.)
=	3fache	= =	a^3,	=	3te =	(Cubiczahl)
=	4fache	= =	a^4,	=	4te =	(Biquadrz.)
	.		.		.	.
	.		.		.	.
	.		.		.	.
=	nfache	= =	a^n,	=	nte =	(§. 42.)

das **Grundverhältniß** dagegen (§. 43.) in Rücksicht der 2ten Potenz, die 2te (Quadrat⸗) Wurzel $= \sqrt[2]{a^2} = a$

⸗ 3ten ⸗ ⸗ 3te (Cubic⸗) ⸗ $= \sqrt[3]{a^3} = a$

⸗ 4ten ⸗ ⸗ 4te (Biquadr.⸗) ⸗ $= \sqrt[4]{a^4} = a$

. ⸗ ⸗ . ⸗ .

. ⸗ ⸗ . ⸗ .

⸗ nten ⸗ ⸗ nte ⸗ $= \sqrt[n]{a^n} = a$

desgleichen, daß die **Exponenten**, welche die Vielfachen des Grundverhältnisses aussprechen, die **Verhältnißzahlen** oder **Logarithmen** genannt werden (§. 44.), als:

$$a^0 \ldots a^1 \ldots a^2 \ldots a^3 \ldots a^4 \ldots a^5 \ldots a^6 \ldots\ldots a^n$$

die Logar. $0 \;.\; 1 \;.\; 2 \;.\; 3 \;.\; 4 \;.\; 5 \;.\; 6 \ldots\ldots n$

Es bieten sich daher wieder zweierlei Gegenstände unserer Betrachtung dar: nämlich sowohl die **Vielfachen eines Verhältnisses** (die **Glieder** einer solchen Reihe) in ihrer zweifachen Rücksicht (als **Potenzen** und **Wurzeln**), als auch die **Verhältnißzahlen** (**Logarithmen**) derselben, und scheiden daher auch diesen Abschnitt in **zwei** Haupttheile, von welchen

A. der **erste**: **von den Potenzen und Wurzeln**,

B. der **zweite**: **von den Verhältnißzahlen oder den Logarithmen** handelt.

A. Von den Potenzen und Wurzeln.

§. 138. Da nicht allein die **Vielfachen** der Verhältnisse (die **Potenzen**), sondern auch ihre **Einfachen** oder Grundverhältnisse (die **Wurzeln**) allezeit **Zahlen** sind, so muß von ihnen auch alles gelten, was von den Zahlen selbst gilt, und sie mithin jeder Rechnungsoperation unterworfen werden können. Da wir aber, ehe wir zur Anwendung der letztern übergehen können, zuvor diese **Vielfachen an sich**, d. i. ihrer Natur nach (wie dies auch oben bei den Zahlen geschah) kennen lernen müssen, so zerfällt diese Lehre wieder in zwei besondere Abschnitte:

1) die **Betrachtung der Potenzen und Wurzeln an sich**,

2) die der **Rechnung mit ihnen**.

1.

Betrachtung der Potenzen und Wurzeln an sich.

a) der Potenzen.

§. 139. Daß wir die Potenzen ihrer Ordnung nach, d. i. die 1ste, 2te, 3te, 4te, ... nte nach der Reihe unserer Untersuchung unterwerfen müssen, ist an sich klar; allein da die Potenzen Zahlen sind, welche 1, 2, 3, 4, ... n Bestandtheile haben können (§. 64. ꝛc.), als

	2^1 ..	2^2 ..	2^3 ....
allgemein	a^1 ..	a^2 ..	a^3 ....
	23 ..	23^2 ..	23^3 ....
$=$	$(20+3)^1$ ..	$(20+3)^2$ ..	$(20+3)^3$ ....
allgem.	$(a+b)^1$ ..	$(a+b)^2$ ..	$(a+b)^3$ ....
	375^1 ..	375^2 ..	375^3 ....
$=$	$(300+70+5)^1$ ..	$(300+70+5)^2$ ..	$(300+70+5)^3$ ....
allg.	$(a+b+c)^1$ ..	$(a+b+c)^2$ ..	$(a+b+c)^3$ ....

u. s. w.

(wo a den 1sten, b den 2ten, c den 3ten, d den 4ten ꝛc. Bestandtheil bedeutet), so muß sich jene auch über die Bestandtheile jeder Potenz nach der Reihe erstrecken.

Was nun

1) die **erste Potenz**

anlangt, welche stets eine **Zahl** ist, die eine **Größe** zur Einheit hat, so gehört ihre ganze Betrachtung, sie mag aus 1, 2, 3, 4, ... n Theilen bestehen, in den vorigen Abschnitt, wo wir von den Zahlen als solchen gehandelt haben. Wir können daher sogleich zur

2) zweiten Potenz oder der Quadratzahl

§. 140. übergehen und sie, in Hinsicht ihrer Bestandtheile, in Untersuchung ziehen.

α) Wenn die Grundzahl blos eine einfache ganze Zahl ist (z. B. 3, a ꝛc.), so haben wir ihre Quadratzahl, als ein Product aus ihr selbst ($3^2 = 3 \cdot 3$, $a^2 = aa$), auch schon oben (§. 42.) genug kennen gelernt; und da die Multiplication der Brüche so geschieht, daß Zähler mit Zähler und Nenner mit Nenner multiplicirt werden (§. 136. c.), so folgt, daß wenn man Brüche zu ihren Quadratzahlen erheben soll, als $(\frac{1}{3})^2 = \frac{1}{9}$, $(\frac{2}{3})^2 = \frac{4}{9}$, $(\frac{5}{3})^2 = \frac{25}{18}$, allg. $\left(\frac{a}{b}\right)^2 = \frac{a^2}{b^2}$: . . .

β) Bestehet aber die Grundzahl aus zwei Theilen (zweitheilige), als $25 = 20 + 3$, allg. $a + b$ (Fig. 14.), so ist (nach §. 42.) die Quadratzahl $23^2 = 23 \cdot 23$

$$= (20+3) \cdot (20+3) = 20 \cdot 20 + 3 \cdot 20 + 20 \cdot 3 + 3 \cdot 3$$
$$= 400 + 60 + 60 + 9$$
$$= 400 + 2 + 60 + 9$$

allgem.

$$(a+b)^2 = (a+b) \cdot (a+b) = aa + ab + ba + bb$$
$$= a^2 + 2ab + b^2$$

Es bestehet daher die Quadratzahl der zweitheiligen Zahl

1) aus . . .

2) aus . . .

Anmerk. 1. Die Natur der Quadratzahl (§. 42.), vornehmlich wenn wir ihr Gleichnißbild im Raume vergleichen, zeigt, daß, wenn die Grundzahl

a) eine ganze Zahl ist (als [Fig. 15.] ab = 2, ab^2 = abcd = 4; ab = 8, ab^2 = 64), die Quadratzahl . . .

b) wenn sie ein Bruch (als [Fig. 15.] ab = $\frac{1}{2}$ = = 0,5, ab^2 = $\frac{1}{4}$ = 0,25; ab = $\frac{1}{8}$ = 0,125, ab^2 = = $\frac{1}{64}$ = 0,015625 rc.), die Quadratzahl . . .

Anmerk. 2. Da $10^2 = 100$ ist, so können die Quadratzahlen der Hauptzahlen (§. 70.) nicht die Zehner übersteigen, und da $100^2 = 10000$, die Zahlen der ersten Ordnung (von 11 bis 99) nicht die Zahlen vierter Ordnung u. s. f.

γ) Quadratzahl der dreitheiligen Grundzahl.

§. 141. Besteht die Grundzahl aus drei Theilen, als 375 = 300 + 70 + 5, allgemein (a + b + c), so ist ihre Quadratzahl (300 + 70 + 5) . (300 + 70 + 5 =

$$
\begin{array}{l}
= 90000 + 21000 \quad\quad + 1500 \\
\quad\quad 21000 + 4900 \quad\quad + 350 \\
\quad\quad\quad\quad 1500 + 350 + 25 \\
\hline
= 90000 + 2.21000 + 4900 + 2.1500 + 2.350 + 25 \\
= 300^2 + 2.300.70 + 70^2 + 2.300.5 + 2.70.5 + 5^2
\end{array}
$$

allgem.

$$
\begin{array}{l}
(a+b+c).(a+b+c) = aa + ab \quad + ac \\
\quad\quad ab + bb + \quad + bc \\
\quad\quad\quad ac + bc + cc \\
\hline
= a^2 + 2ab + b^2 + 2ac + 2bc + c^2
\end{array}
$$

Es besteht daher die Quadratzahl einer dreitheiligen Grundzahl (Fig. 16.)

1) aus . . .

2) aus . . .

δ) Quadratzahl der viertheiligen Grundzahl.

§. 142. Hat eine Grundzahl vier Bestandtheile, als 1719, $(a+b+c+d)$, so ist ihre Quadratzahl $1719^2 =$ $1719 . 1719 =$

$$= \begin{cases} 1000 . 1000 + 1000 . 700 + 1000 . 10 + 1000 . 9 \\ 700 . 1000 + 700 . 700 + 700 . 10 + 700 . 9 \\ 10 . 1000 + 10 . 700 + 10 . 10 + 10 . 9 \\ 9 . 1000 + 9 . 700 + 9 . 10 + 9 . 9 \end{cases}$$

$$\begin{array}{l} = 1000^2 + 2 . 1000 . 700 + 2 . 1000 . 10 + 2 . 1000 . 9 \\ \quad + 700^2 + 2 . 700 . 10 + 2 . 700 . 9 \\ \quad + 10^2 + 2 . 10 . 9 \\ \quad + 9^2 \end{array}$$

allgemein $(a+b+c+d) . (a+b+c+d) =$

$$\begin{array}{l} = aa + ab + ac + ad \\ \quad ba + bb + bc + bd \\ \quad + ca + cb + cc + cd \\ \quad + ad + bd + cd + dd \\ \hline = a^2 + 2ab + b^2 + 2ac + 2bc + c^2 + 2ad + 2bd + 2cd + d^2 \end{array}$$

Die viertheilige Quadratzahl besteht daher (Fig. 17.)

1) aus . . .

2) aus . . .

Auf gleiche Weise müssen sich auch die Quadratzahlen der aus 5, 6, 7 . . . . Theilen bestehenden Grundzahlen ergeben.

3) Die dritte Potenz oder die Cubiczahl.

§. 143. Schon oben (§. 42.) haben wir die Cubiczahl

α) einer einfachen Grundzahl,

z. B. $2^3 = 2.2.2. = 8$, $a^3 = aaa$, als ein Product aus der Quadratzahl in die Zahl selbst kennen gelernt; mithin wenn sie ein Bruch ist $[(\frac{1}{3})^2 = \frac{1}{27}$, $(\frac{2}{3})^3 = \frac{8}{27}$, $(\frac{3}{2})^3 = \frac{9}{4}$, allg. $\left(\frac{a}{b}\right)^3 = \frac{a^3}{b^3}]$, so müssen (§. 135.)

. .

Wir schreiten daher zu der Untersuchung

β) der Cubiczahl der zweitheiligen Wurzel

$25^3 = 25.25.25 = (20+5).(20+5).(20+5)$
allg. $(a+b)^3 = (a+b).(a+b).(a+b)$

Da nun $25^2 = 20.20 + 2.20.5 + 5.5$ (§. 140), so ist nochmals mit $20+5$ multiplicirt,

$$\begin{array}{rl} 25^3 = & 20.20.20 + 2.20.20.5 + 20.5.5 \\ & \quad + 20.20.5 + 2.20.5.5. + 5.5.5 \\ \hline = & 20^3 \quad + 3.20^2.5 + 3.20.5^2 + 5^3 \end{array}$$

$$\begin{array}{rl} \text{allgemein } (a+b)^2 = & aa + 2ab + bb \\ & a + b \\ \hline = & aaa + 2aab + abb \\ & \quad aab + 2abb + bbb \\ \hline = & a^3 + 3a^2b + 3ab2 + b^3 \end{array}$$

Es besteht daher die Cubiczahl der zweitheiligen Wurzel

1) aus . . .

2) aus . . .

Anmerk. 1. Nach §. 240. Anm. 1. folgt wieder

a) daß die Cubiczahl einer ganzen Zahl ($3^3 = 27$, $4^3 = 64$, $7^3 = 343$ ꝛc.) . . .

b) daß die Cubiczahl eines Bruchs $[(\frac{1}{2})^3 = \frac{1}{8} = 0,125$; $(0,3)^3 = 0,027$ ꝛc.] . . .

Anmerk. 2. Da $10^3 = 1000$, so können die Cubiczahlen der Hauptzahlen nicht die Hunderte übersteigen, die der Zehner, da $100^3 = 1000000$, nicht die 5te Ordnung u. s. w.

γ) Die Cubiczahl der dreitheiligen Grundzahl.

§. 144. $(a+b+c)^3 = (a+b+c).(a+b+c).(a+b+c) = (a+b+c)^2.(a+b+c) =$

$$
\begin{array}{l}
= a^2 + 2ab + b^2 + 2ac + 2bc + c^2 \\
\quad a + b + c \\
\hline
= a^3 + 2a^2b + ab^2 + \; : \; + 2a^2c + 2abc \quad : \quad + ac^2 \\
\qquad a^2b + 2ab^2 + b^3 + \; : \; + 2abc + 2b^2c + \; : \; + bc^2 \\
\qquad\qquad + a^2c + 2abc + b^2c + 2ac + 3bc + c^3 \\
\hline
a^3 + 3a^2b + 3ab^2 + b^3 + 3a^2c + 3.2abc + 3b^2c + 3ac^2 + 3bc^2 + c^3
\end{array}
$$

Daher besteht die Cubiczahl der dreitheiligen Wurzel
1) aus . . .

2) aus . . .

3) aus . . .

Und auf ebendieselbe Weise lassen sich die Bestandtheile der Cubiczahlen 4, 5, 6... ntheiliger Zahlen finden.

Anmerk. Es ist nützlich, die Potenzen des 2ten, 3ten bis 4ten Grades zu berechnen und in eine Tafel zusammenzustellen.

Tafel der Potenzen

a) der Hauptzahlen oder Einer.

Grundzahlen.	1	2	3	4	5	6	7	8	9	10
Quadratzahlen.	1	4	9	16	25	36	49	64	81	100
Cubiczahlen.	1	8	27	64	125	216	343	512	729	1000
Biquadratzahlen.	1	16	81	256	625	1296	2401	4096	6561	10000

u. s. f.

b) der Zehner.

Grundzahlen.	10	20	30	40	50	60	70	80	90
Quadratzahlen.	10	400	900	1600	2500	3600	4900	6400	8100
Cubiczahlen.	10	8000	27000	64000	125000	216000	343000	512000	729000
Biquadratzahlen.	10	160000	810000	2560000	6250000	12960000	24010000	40960000	65610000

u. s. f.

c) der Zehntheile.

Grundzahlen	0,1	0,2	0,3	0,4	0,5	0,6	0,7	0,8	0,9
Quadratzahlen.	0,1	0,04	0,09	0,16	0,25	0,36	0,49	0,64	0,81
Cubiczahlen.	0,1	0,008	0,027	0,064	0,125	0,206	0,343	0,512	0,729
Biquadratzahlen.	0,1	0,0016	0,0081	0,0256	0,0625	0,1296	0,2401	0,4096	0,6561

u. s. f.

B i n o m i u m.

§. 145. Wollten wir nun die Bestandtheile der 4ten, 5ten, 6ten .... nten Potenz 2, 3, 4, 5 .... ntheiliger Grundzahlen untersuchen, so würden sie sich eben so ergeben, wenn wir das bisherige Verfahren richtig dabei beobachteten. Da sich aber jede Zahl in 2 Theile theilen läßt, und jeder Theil selbst wieder aus 2 Theilen bestehend gedacht werden kann, als 1720 in 1000 + 720 oder 1700 + 20 u. s. w., allgem. $(a+b+c+d) = (a+b+c)+d$, $(a+b)+(c+d)$ ꝛc., so lassen sich alle Zahlen den Gesetzen der zweitheiligen unterwerfen und auf sie zurückführen, welche man insofern vorzugsweise Binomium (von bis und nomen) nennt; als:

$$(a+b)^2 = a^2 + 2ab + b^2 \quad (\text{§. } 140.\ \beta.)$$

(§. 141. γ.)

$$(a+b+c)^2 = \underbrace{a^2 + 2ab + b^2} + \underbrace{2ac + 2bc} + c^2 =$$
$$[(a+b)+c]^2 = (a+b)^2 + 2(a+b)c + c^2$$

$$(a+b+c+d)^2 = \underbrace{a^2+2ab+b^2+2ac+2bc+c^2}_{} + \underbrace{2ad+2bd+2cd}_{} + d^2$$

$$[(a+b+c)+d]^2 = (a+b+c)^2 + 2(a+b+c)d + d^2$$

$$(a+b+c+d+e)^2 = \underbrace{a^2+2ab+b^2+2ac+2bc+c^2+2ad+2bd+2cd+d^2}_{} + \underbrace{2ae+2be+2ce+2de}_{} + e^2$$

$$[(a+b+c+d)+e]^2 = (a+b+c+d)^2 + 2(a+b+c+d)e + e^2$$

u. s. w.

$$(a+b)^3 = a^3+3a^2b+3ab^2+b^3 \quad (§. 143.)$$

$$(a+b+c)^3 = \underbrace{a^3+3a^2b+3ab^2+b^3}_{} + \underbrace{3a^2c+3.2abc+3b^2c}_{} + \underbrace{3ac^2+3bc^2}_{} + c^3 \quad (§. 144.)$$

$$[(a+b)+c]^3 = (a+b)^3 + 3\underbrace{(a^2+2ab+b^2)c}_{} + 3\underbrace{(a+b)c^2}_{} + c^3$$

$$= (a+b)^3 + 3(a+b)^2 . c + 3(a+b)c^2 + c^3$$

$$(a+b+c+d)^3 = [(a+b+c)+d]^3 = (a+b+c)^3 + 3(a+b+c)^2 d + 3(a+b+c)d^2 + d^3$$

$$(a+b+c+d+e)^3 = [(a+b+c+d)+e]^3 = (a+b+c+d)^3 + 3(a+b+c+d)^2 e + 3(a+b+c+d) e^2 + e^3$$

u. s. w.

Daraus leuchtet ein, daß wir die übrige Untersuchung der Potenzen auf die der zweitheiligen Zahlen [allgem. $(a+b)^n$] beschränken und dadurch vereinfachen können.

4) Die nte Potenz der zweitheiligen Zahl.

§. 145. Aus §. 42. sowohl, als aus der bisherigen Entwickelung ist bekannt, daß, um eine nächst höhere Potenz zu erzeugen, die nächst tiefere nochmals mit der Grundzahl multiplicirt werden müsse ($a^4 = a^3 . a$, allg. $a^n = a^{n-1} . a$). Wenn nun die Grundzahl von jetzt immer als zweitheilig betrachtet werden soll $(a+b)$, bei der Multiplication mehrtheiliger (mithin auch zweitheiliger) Zahlen aber alle (beide) Theile des einen Factors mit allen Theilen des andern multiplicirt werden müssen (§. 33.), so folgt, daß, wenn man die Bestandtheile einer zweitheiligen Zahl von der nten Potenz $(a+b)^n$ gewinnen will, man . . .

Z. E. es sey $n = 2, 3, 4, \ldots .$, so ist

$$\begin{array}{l} (a+b)^2 = aa + \left\{\begin{array}{l} ab \\ +\, ba \end{array}\right. + bb \\ \hline \quad = a^2 + 2ab + bb \end{array}$$

$$\begin{array}{l} (a+b)^3 = aaa + \left\{\begin{array}{l} aab + \\ aba + \\ baa + \end{array}\right. \left\{\begin{array}{l} abb \\ bab \\ bba \end{array}\right. + bbb \\ \hline \quad = a^3 + 3a^2b + 3ab^2 + b^3 \end{array}$$

$$(a+b)^4 = aaaa + \left\{\begin{array}{l} aaab\\ aaba\\ abaa\\ baaa\end{array}\right. + \left\{\begin{array}{l} aabb\\ abab\\ abba\\ baab\\ baba\\ bbaa\end{array}\right. + \left\{\begin{array}{l} abbb\\ babb\\ bbab\\ bbba\end{array}\right. + bbbb$$

$$= a^4 + 4a^3b + 6a^2b^2 + 4ab^3 + b^4$$

u. s. f.

Hieraus erkennen wir, daß die Bildung dieser Bestandtheile den Gesetzen der Permutation mit Wiederholungen, welche wir oben (Abschn. I. B. 2. §. 57.) gefunden haben, unterworfen sind, und daß eben so, wie die Potenzen des ersten Theils

a^4, a^3, a^2, a^1, a^0, abnehmen,

die des 2ten b^0, b^1, b^2, b^3, b^4, zunehmen,

allgemein $a^n b^0$, $a^{n-1} b^1$, $a^{n-2} b^2$, $a^{n-3} b^3$, $a^{n-4} b^4 \ldots$

Die Zahlen, welche aussprechen, wie vielmal jedes von diesen Producten in der Potenz vorkommt (die Coefficienten), nennt man, da hier nur von 2theiligen Grundzahlen (binom.) die Rede ist, Binominalcoefficienten (unciae binominales)[2]), welche wir noch mehr und allgemein entwickeln müssen.

Binominalcoefficienten.

§. 146. Bei der Entwickelung dieser Zahlen haben wir nichts anderes zu thun, als obigen Gesetzen (§. 57.) zu folgen. Um sie jedoch sowohl in einem besondern Falle, als auch im Allgemeinen darzulegen, so diene für jenen $(a+b)^5$, allgem. $(a+b)^n$.

1) Der erste Bestandtheil wiederholt das erste Element so vielmal, als die Zahl des Exponenten ist

(a^n), das zweite nicht (b^0); er ist mithin nebst seinem Binominal-Coefficienten (nach §. 57. V. 6.)

in $(a+b)^5 = \frac{1.2.3.4.5}{1.2.3.4.5} a^5 b^0 = a^5$

„ $(a+b)^n = \frac{n.n-1.n-2....2.1}{1.2.3....n-1.n} a^n b^0 = a^n$

2) Der zweite Theil enthält das zweite Element einmal (b^1), daher muß er das 1ste einmal weniger haben (a^{n-1}), folglich ist er mit dem Binominal-Coefficienten (nach §. 57. V. 5.)

in $(a+b)^5 = ...$

„ $(a+b)^n = ...$

3) Der dritte Theil, welcher das 2te Element 2mal enthält (b^2) und daher das erste 2mal weniger haben muß (a^{n-2}), ist folglich mit dem Binominal-Coefficienten (§. 57. V. 4.)

in $(a+b)^5 = ...$

„ $(a+b)^n = ...$

4) Der vierte Theil, welcher das 2te Element 3mal wiederholt (b^3), das erste 3mal weniger enthalten (a^{n-3}) muß, ist daher mit dem Coefficienten (§. 57. V. 4.)

in $(a+b)^5 = ...$

„ $(a+b)^n = ...$

5) Der fünfte Theil, welcher das 2te Element 4mal (b^4), mithin das 1ste 4mal weniger (a^{n-4}) enthält, ist daher mit dem Binominal-Coefficienten (§. 57. V. 5.)

in $(a+b)^5 = ...$

„ $(a+b)^n = ...$

6) Der sechste Theil, der das 2te Element 5mal (b^5), daher das 1ste 5mal weniger (a^{n-5}), ist folglich mit dem Coefficienten (§. 57. V. 6.)

in $(a+b)^5 = \ldots$
, $(a+b)^n = \ldots$ u. s. f.

So ergiebt sich nun, daß, da der mte Bestandtheil von $(a+b)^n$ das 2te Element $(m-1)$mal $[b^{m-1}]$, mithin das erste $(m-1)$mal weniger, also $n-(m-1)$mal enthält, die allgemeine Formel jedes Bestandtheils mit seinem Binominal-Coefficienten =

$$= \frac{n \cdot n-1 \cdot n-2 \ldots 3 \cdot 2 \cdot 1}{1 \cdot 2 \ldots [n-(m-1)] \cdot 1 \cdot 2 \ldots (m-1)} a^{n-(m-1)} b^{m-1}$$

Abkürzung der Binominal-Coefficienten.

§. 147. Dabei sieht man aber, daß in den Coefficienten aller dieser Bestandtheile sich mehr oder weniger Zahlen durch Division auflößen lassen, mithin auch das Schreiben derselben unnöthig ist. Daher erhalten diese Coefficienten eine bequeme Kürze, wenn wir bei jedem die sich auflößenden Zahlen durch Division wegschaffen. Es wird nämlich der Coefficient

1) des 1sten Theils von $(a+b)^5 = \ldots$
, , , , $a+b)^n = \ldots$

2) des 2ten Theils von $(a+b)^6 = \ldots$
, , , , $(a+b)^n = \ldots$

3) des 3ten Theils von $(a+b)^4 = \ldots$
, , , , $(a+b)^n = \ldots$

4) des 4ten Theils von $(a+b)^7 = \ldots$
, , , , $(a+b)^n = \ldots$

5) des 5ten Theils von $(a+b)^6 = \ldots$
, , , , $(a+b)^n = \ldots$

Da wir nun dabei bemerken, daß, indem im Coefficienten allgemein die Factoren der obern Zahlen mit jedem Bestandtheile um 1 kleiner, die der untern dagegen um 1 größer werden (z. B. die letzte Zahl der obern im 4ten Theile $= n-2 = n-(4-2)$, im 5ten $= n-3 = n-$

(5 — 2) . . . . die letzte Zahl der untern im 4ten Theile = 3 = (4 — 1), im 5ten = 4 = (5 — 1) u. s. f.), so ergiebt sich eine **allgemeine** Formel für den Coefficienten des mten, d. i. jedes beliebigen Theils = . . .

Bestimmung jedes Bestandtheils in und außer der Reihe.

§. 148. Setzen wir nun diese abgekürzten Coefficienten mit den (§. 146) gefundenen Producten nach der Reihe zusammen, so ist

der 1ste Bestandtheil = . . .
" 2te " = . . .
" 3te " = . . .
" 4te " = . . .
" 5te " = . . .
u. s. f.

allgem. der mte Bestandtheil = . . .

Nach dieser allgemeinen Formel läßt sich daher **jeder** Bestandtheil in **jeder Potenz** von **jeder zweitheiligen** Zahl in und auch außer der Reihe bestimmen, wenn man statt n . . .

von $(a + b)^5$ ist der 3te Bestandth. = . . .
" $(a + b)^7$ " " 4te " = . . .
" $(a + b)^8$ " " 5te " = . . .
" $(a + b)^{10}$ " 6te " = . . .
u. dergl.

So sind wir nun am Ziele unserer Untersuchung, da wir eine allgemeine Formel und Regel für die Bildung der Bestandtheile jeder Potenz aus jeder zweitheiligen Zahl $[(a + b)^n]$ gewonnen haben; nämlich:

$(a + b)^n = . . .$

Setzen wir n = 1, 2, 3, 4 . . . ., so ergeben sich die

Bestandtheile jeder Potenz mit ihren Factoren und Coefficienten.

Anm. 1. Um die Bestandtheile jeder Potenz nach der Reihe zu überschauen, kann man sie zur bequemern Uebersicht in eine Tafel sammeln. Die Coefficienten lassen sich in ein Dreieck stellen, welches man das arithmetische Dreieck oder auch die Wunderzahlen (numeri admirabiles) zu nennen pflegt.

Anm. 2. Die Entwickelung der gesetzlichen Beschaffenheit der Bestandtheile der Potenzen zweitheiliger Zahlen nennt man den binomischen Lehrsatz (theorema binominale).

Geschichte der Binominalcoefficienten.

§. 149. Die Mathematiker des Alterthums scheinen den binomischen Lehrsatz nicht gekannt zu haben; er ist daher eine Entdeckung späterer Zeit, wo man in diesem Gebiete unserer Wissenschaft durch Hülfe der Zifferbezeichnung mehr Licht gewonnen hatten. Die Binominalcoefficienten kommen erst bei Mich. Stifel vor, wiewohl andere Bl. Pascal für den Entdecker derselben ausgegeben haben. Die Regel, die Coefficienten jeder Potenz einer zweitheiligen Zahl unabhängig zu finden, erfand Briggs, und Newton legte zuerst dar, daß die binomische Formel nicht allein von ganzzahligen, sondern von Exponenten aller Arten von Zahlen gilt. — In der Folge ist dieser Lehrsatz mehr begründet und ergänzt worden von Euler, Kästner, de la Grange und mehrern. Das größte Verdienst um die Bezeichnung derselben erwarb sich Hindenburg, welcher für die Binominalcoefficienten die deutschen großen Buchstaben einführte, nämlich:

$$n; \quad \frac{n.n-1}{1.2}; \quad \frac{n.n-1.n-2}{1.2.3}; \quad \frac{n.n-1.n-2.n-3}{1.2.3.4}$$
$$^{n}\mathfrak{A} \quad ^{n}\mathfrak{B} \quad ^{n}\mathfrak{C} \quad ^{n}\mathfrak{D}$$

$$\frac{n.n-1.n-2.n-3.n-4}{1.2.3.4.5} \ldots \frac{n.n-1.n-2\ldots n-(m-2)}{1.2.3\ldots(m-1)}$$
$$^{n}\mathfrak{E} \qquad ^{n}\mathfrak{X}$$

b) der Wurzeln.

§. 150. Bei der Betrachtung der Grundzahlen, aus welchen die Potenzen gebildet sind, und welche insofern die Wurzelzahlen oder Wurzeln heißen (§. 43.), können wir, um keinen Fall zu übergehen, wieder ebendieselbe Ordnung, wie bei der Untersuchung der Potenzen, beobachten. Da aber die erste Potenz die Grundzahl selbst ist, so kann es in so fern

1) keine Wurzel der ersten Potenz geben und wir können daher sogleich zu der

2) der zweiten, oder der Quadratwurzel (radix quadr.), übergehen. Ist diese α) einfach,

als $\sqrt{9} = 3$, $\sqrt{64} = 8$, $\sqrt{0{,}25} = 0{,}5$ rc., allgem. $\sqrt{a^2} = a$, so ersehen wir sie aus der oben (§. 144.) entworfenen Tafel. Besteht dagegen die Wurzel einer Quadratzahl β) aus zwei Theilen

als $23 = 20 + 3$, allgem. $(a + b)$, so entsteht nun die Frage:

1) theils wie man dies bei einer jeden Quadratzahl erkennen,

2) theils wie man aus ihr die Wurzel finden oder ausmitteln könne?

welches letztere man das Ausziehen der Quadratwurzel (extractio radicis quadr.) zu nennen pflegt.

Anmerk. Es leuchtet von selbst ein, daß, wenn blos aus einfachen Quadratzahlen die Wurzel gewonnen werden soll, als $\sqrt{4^2} = 4$, $\sqrt{8^2} = 8$, $\sqrt{a^2} = a$, $\sqrt{x^2} = x$ rc., man nichts weiter zu thun hat, als ...

Kennzeichen der zweitheiligen Quadratzahl und Regel der Ausziehung.

§. 151. Was die erste Frage betrifft, so wollen wir uns bei bestimmten Zahlen, auf solche des decadischen Systems, als 23, im Allgemeinen auf die Form $(a+b)$ beschränken. Wenn nun die zweitheilige Zahl aus Zehnern und Einern besteht, so haben wir (§. 140. Anm. 2.) gesehen, daß die Quadratzahlen der Einer nicht die erste Ordnung überschreiten ($9^2 = 81$), und die Quadratzahlen der ersten Ordnung nicht die der dritten ($99^2 = 9801$; $0{,}99^2 = 0{,}9801$); mithin müssen sich alle Quadratzahlen aller aus Zehnern und Einern zusammengesetzten Zahlen in der zweiten und dritten Ordnung befinden und daher mit 3 bis 4 Ziffern geschrieben seyn. Umgekehrt folgt, daß wenn eine Zahl mit 3 bis 4 Ziffern geschrieben ist, die Wurzel zweitheilig seyn müsse. Im Allgemeinen erkennt man die Quadratzahl einer zweitheiligen Wurzel daran, daß nur zwei allgemeine Zeichen darinne vorkommen, als in $a^2 + 2ab + b^2$, a und b, oder daß sie sich doch unter zwei bringen lassen. (S. §. 145.)

Die zweite Frage lößt sich von selbst. Denn da die Quadratzahl durch Multiplication aus der Grundzahl gebildet ist (§. 42.), so dürfen wir sie nur durch Division nach ebenderselben Ordnung, wie sie entstanden ist, wieder auflößen; im Allgemeinen:

$$\begin{array}{l|l} \sqrt{a^2 + 2ab + b^2} & a+b \\ \quad a^2 & \\ \hline \# + 2ab + b^2 & \\ \qquad (2a) & \\ \qquad 2ab + b^2 & \\ \hline \end{array}$$

Daraus geht nun für die Ausziehung der zweitheiligen Quadratwurzel die Regel hervor:

1) man sucht . . .

2) die gefundene Wurzel . . .

3) den zweiten Wurzeltheil (b) . . .

Ausziehung der zweitheiligen Quadratwurzel.

§. 152. Jenem gemäß pflegt man nun die Ziffern der Quadratzahl einer zweitheiligen decadischen Zahl von den Einern an links oder rechts in zwei Klassen zu theilen, so daß die erste Klasse zwei Ziffern, die zweite die übrigen 2 oder 1 bekommt, z. B.

98|01 ; 5|29; 0,98|01 ; 0,05|29.

Wenden wir dann die allgemeine Regel der Ausziehung auf so klassificirte Zahlen an, als:

$\sqrt{(a^2+2ab+b^2)}$	= 5|29|20+3 .	$\sqrt{0{,}06\|25}$|0,2+0,05
a^2	= 400	0,04 . .
# $2ab+b$	= 129	0,0225
$2a$	= (40)	(0,4)
$2ab$	= 120	0,020
# b^2	= 9	0,0025
b^2	= 9	0,0025
#	#	#

Kürzer:

$\sqrt{5\|29}$|23 .	$\sqrt{40,\|96}$|6,4 .	$\sqrt{0{,}06\|25}$|0,25
4	36	4
129	4,96	225
(4)	(12)	(4)
129	4 96	225
#	#	#

so ergiebt sich hieraus die besondere Regel für die Ausziehung der zweitheiligen Quadratwurzel aus decadischen Zahlen:

1) Man theilt die Zahlen . . .

die ganzen . . .
die Decimalbrüche . . .

2) sucht dann . . .

3) zu dem Reste setzt man . . .

4) zieht man . . .

Zur Uebung.

$\sqrt{1296} = \ldots$; $\sqrt{5,76} = \ldots$
$\sqrt{1764} = \ldots$; $\sqrt{75,69} = \ldots$
$\sqrt{9604} = \ldots$; $\sqrt{0,9216} = \ldots$

Anm. 1. Wenn bei der Klassenabtheilung eines Decimalbruchs am Ende eine Ziffer bleibt, so muß man zur Füllung der letzten Klasse eine Null anhängen, als 26,|22|50.

Anm. 2. Bei der Ausziehung der Wurzel aus Decimalbrüchen kann man die vorstehenden Nullen anfangs weglassen und dann in der Wurzel das Komma nach der Anzahl der Klassen setzen; als: $\sqrt{0,00|02|56}$

$\sqrt{2|56|} = 0,016$
1
———
156
(2)
156
———
#

γ) die dreitheilige Quadratwurzel

§. 153.

wird daher mit Hülfe der Formel der dreitheiligen Quadratzahl (§. 141.) gefunden:

			$a+b+c$
$\sqrt{(a^2+2ab+b^2+2ac+2bc+c^2)}$	$=$	$\sqrt{10\vert 56\vert 25}$	$= 325$
a^2	$=$	$9\ldots\ldots$	
$\# + 2ab + b^2 \ldots$	$=$	$156\ldots$	
$(2a)$		(6)	
$2ab + b^2$	$=$	124	
$2ac + 2bc + c^2$	$=$	3225	
$(2a + 2b)$	$=$	(64)	
$(2a + 2b)c + c^2$	$=$	3225	
$\#$		$\#$	

			abc
$\sqrt{[a^2+2ab+b^2+2(a+b)c+c^2]}$	$=$	$\sqrt{0{,}29\vert 37\vert 64}$	$= 0{,}542$
a^2	$=$	$0{,}25\ldots\ldots$	
$+2ab+b^2 \ldots$	$=$	$\ldots 437\ldots$	
$(2a)$	$=$	$\ldots(10)\ldots$	
$2ab+b^2$	$=$	$\ldots 416\ldots$	
$\#\quad 2(a+b)c+c^2$	$=$	$\ldots 2164$	
$2(2+b)c$	$=$	$\ldots(108)$	
$2(a+b)c+c^2$	$=$	$\ldots 2164$	
$\#$		$\#$	

Regel. . . .

Auf gleiche Weise zieht man auch die 4, 5, 6 ... n=theilige Quadratwurzel aus, indem man die Zahl in 4, 4, 6 ... n Klassen theilt und die ihnen zugehörigen Formeln anwendet.

Zur Uebung.

$\sqrt{9604} = \ldots$	$\sqrt{36{,}6025} = \ldots$
$\sqrt{11943936} = \ldots$	$\sqrt{592{,}9225} = \ldots$
$\sqrt{5676416964} = \ldots$	$\sqrt{8245{,}911249} = \ldots$
$\sqrt{64336800609} = \ldots$	$\sqrt{34{,}3328027364} = \ldots$

Annäherung.

§. 154. Da sich aber nur aus denjenigen Zahlen,

welche vollkommene Quadratzahlen sind, die Quadratwurzeln völlig ausziehen lassen, so kann dieß bei allen den Zahlen, welche neben den Quadratzahlen sich befinden, nicht geschehen, weil sie nicht von der Grundzahl gemessen werden (irrational sind §. 38.), auf ähnliche Weise, wie oben bei der Division (§. 95.). Z. B. $\sqrt{5}$, $\sqrt{6}$, $\sqrt{7}$ ꝛc. können nicht vollkommen ausgezogen werden. Wie man sich aber bei der Division den wahren Quotienten dadurch nähern konnte, daß man den Rest durch Anhängung 1, 2, 3 . . . Nullen in Zehn-, Hundert-, Tausend ꝛc. Theilchen verwandelte und auch aus diesen die Theilchen des Quotienten bekam, so kann man auch hier die Theilchen nach decadischer Abstufung erhalten und sich so der wahren Wurzel annähern. Allein da um eine Ziffer der Wurzel zu bekommen, je zwei der Zahl erfordert werden (§. 151.), so folgt, daß man, um

die Zehntheilchen zu erhalten . . .
„ Hunderttheilchen „ . . .
„ Tausendtheilchen „ . . . u. s. w.

anhängen müsse. Das übrige Verfahren ist das vorige; als:

		a b c d
$\sqrt{(a^2 + 2ab + b^2)}$ . . .	$=$	$\sqrt{7\vert 53\vert 27{,}44}$ . . .
a^2		4
$2ab + b^2$	$=$	353
$2a$	$=$	(4)
$2ab + b^2$	$=$	329
#		24,00
$2(a+b)$	$=$	(54)
$2(a+b)c + c^2$	$=$	21,76
#		. 2,2400
$2(a+b+c)$	$=$	(548)
$2(a+b+c)d + d^2$	$=$	. 2,1936
		# 46400

u. s. f.

$$\sqrt{0,3} = \sqrt{0,30} \,|\, 0,\overset{a}{5}\overset{b}{4}\overset{c}{7}\ldots$$

a^2	=	25
		500
$2a$	=	(10)
$2ab+b^2$	=	416
#		8400
$2(a+b)$	=	(108)
$2(a+b)c+c^2$	=	7609
#		79100 u. s. w.

dieses setzt man so weit fort, bis die Theilchen so klein werden, daß man sie nicht zu achten braucht.

Zur Uebung.

$\sqrt{465} = \ldots$ $\sqrt{10} = \ldots$

$\sqrt{24,964} = \ldots$ $\sqrt{3,162277\ldots} = \ldots$

$\sqrt{6,36} = \ldots$ $\sqrt{1,778279\ldots} = \ldots$

Anm. 1. Will man aus einer solchen irrationalen Wurzel wieder die Quadratzahl bilden, so muß man endlich den Rest noch hinzu addiren, um sie vollständig zu erhalten, als:

$\sqrt{0,3} = 0,547$ $\sqrt{(a^2+2ab+b^2+c)} = a+b\ldots$

0,547	$a+b\ldots$
3,829	a^2+ab
21 88	$ab+b^2$
273 5	$a^2+2ab+b^2+c$
0,299 209	
791	
0,300 000 = 0,3	

Anm. 2. Es wäre falsch, wenn man bei der Ausziehung den Rest auf ähnliche Weise, wie man den Rest bei der Division durch einen Bruch ausdrückt und dem Quotienten anzuhängen pflegt, (als $\frac{32}{6} = 5 + \frac{2}{6}$), hier unter das Wurzelzeichen gesetzt, der Wurzel anhängen wollte (als $\sqrt{0,3} = 0,547 + \sqrt{791}$). Ein Beispiel wird dieß dar-

legen. $\sqrt{636} = 25\ldots$, wo 11 übrig bleiben. $\sqrt{11}$ aber ist $= 3$, wo 2 der Rest ist, $\sqrt{2} = 1$, wo 1 bleibt und $\sqrt{1} = 1$, folgl. $\sqrt{636} = 25 + 3 + 1 + 1 = 30$, welches falsch ist, denn $30 \times 30 = 900 > 636$. Allgem. $\sqrt{(a^2 + b^2)}$ giebt zum ersten Theile a, und b^2 ist Rest. Wollte man diesen $= \sqrt{b^2} = b$ hinzusetzen, so wäre die W. $= a + b$ gleichfalls falsch, da $(a + b)^2 = a^2 + 2ab + b^2$ (§. 140.). Man muß sich daher begnügen, die Wurzel blos anzuzeichnen $\sqrt{(a^2 + b^2)}$.

Anm. 2. Einige Uebung macht, daß man die Quadratwurzel einer Zahl sogleich bei ihrem ersten Anblicke ungefähr bestimmem kann. Es sey z. B. $\sqrt{23|04}$ zu suchen, so wissen wir aus obiger Tafel, daß $4^2 = 16$, $5^2 = 25$. Da nun die Zahl zwei Klassen hat, so fällt die Wurzel des ersten Theils, $\sqrt{2300}$ zwischen 40 und 50. Die Quadratzahl des zweiten Theils aber muß 4 Einer haben, welches keine andere seyn kann, als $64 = 8^2$; daher ist $\sqrt{2304} = 48$. In $\sqrt{4|57|96}$ muß der erste Theil der Wurzel $= \sqrt{4} = 2$, der letzte, da nur $4^2 = 16$ und $6^2 = 36$, 6 Einer enthalten, so kann entweder 4 oder 6, mithin die ganze Wurzel 204, 206, 214 oder 216 seyn, und ein kurzer Versuch entscheidet für 216. Man nennt dieses: die Quadratwurzel ausprobiren, und ist Praktikern sehr zu empfehlen.

Zur Uebung.

$\sqrt{10|56|25} = \ldots$ $\sqrt{26|62|56} = \ldots$

$\sqrt{24|40|36} = \ldots$ $\sqrt{65|07|64|89} = \ldots$

3) Dritte oder Kubik-Wurzel (radix cubica).

§. 155. Ist sie α) einfach, so finden wir sie in obiger Tafel: $\sqrt[3]{64} = 8$, $\sqrt[3]{0{,}027} = 0{,}3$; allgemein $\sqrt[3]{a^3} = a$. (§. 144.) Wenn sie aber β) zweitheilig

ist, so können wir uns eines ähnlichen Verfahrens bedienen, wie bei der Quadratwurzel, indem wir die Zahl, aus welcher sie gezogen werden soll, ebenfalls in Klassen theilen, und dann mittelst der allgemeinen Formel der zweitheiligen Kubikzahl (§. 142.) eine Regel ableiten.

1) Beschränken wir uns jetzt auf eine aus Zehnern und Einern bestehende zweitheilige Kubikwurzel, so ersehen wir aus obiger Tafel, daß (da $10^3 = 1|000$; $100^3 = 1|000|000$) alle Kubikzahlen von 11 bis 99 wenigstens 4, höchstens 6 Ziffern haben; und, da durch die je dreimalige Multiplication der Grundzahl die Kubikzahl je drei Zahlstellen mehr bekommt, so muß auch die Abtheilung der Klassen von . . .

12|167 . 157,|46 ꝛc.

2) Lösen wir jene Formel $a^3 + 3a^2b + 3ab^2 + b^3$ nach der Ordnung wieder auf,

$$\sqrt[3]{(a^3 + 3a^2b + 3ab^2 + b^3)} = a + b$$

$$\begin{array}{llll}
a^3 & & & \\
\hline
\# & 3a^2b + 3ab^2 + b^3 & & \\
 & (3a^2) & & \\
 & 3a^2b + 3ab^2 + b^3 & & \\
\hline
 & \# \quad\quad \# \quad\quad \# & &
\end{array}$$

so ergiebt sich die Regel:

1) Man sucht . . .

2) Den ersten Theil der Wurzel (a) . . .

4) Endlich erhebt man den zweiten Theil der Wurzel (b) . . .

Anm. Anstatt jedes dieser drei Producte einzeln abzuziehen, ist es bequemer, sie zu addiren und ihre Summe auf einmal abzuziehen.

Ausziehung der zweitheiligen Kubikwurzel.

§. 156. Wenden wir nun diese Regel auf decadische Zahlen an, so ist das Verfahren der Ausziehung der Kubikwurzel (extractio radicis cubicae) völlig klar. Wir beschränken uns jetzt auf blos zweitheilige.

$$\sqrt[3]{(a^3+3a^2b+3ab^2+b^3)} = \sqrt[3]{12|167} \,\Big|\, \overset{a+b}{23}; \quad \sqrt[3]{157,|564} \,\Big|\, \overset{ab}{5,4}$$

a^3			=	8	125
# $3a^2b$	$+3ab^2$	$+b^3$	=	4167	32,464
$(3a^2)$	″	″	=	(12).	(75).
$3a^2b$	″	″	=	36..	30,0..
″	$3ab^2$	″	=	54 ″ ″	240.
″	″	b^3	=	.27	0,064
$3a^2b$	$+3ab^2$	$+b^3$	=	4167	32,464
	#			#	#

Regel:

1) Man theilt die Zahl . . .

2) dann sucht man . . .

3) zu dem Reste setzt man . . .

4) dann quadrirt man . . .

5) in die letzte Zahlstelle setzt man . . .

Zur Uebung.

$\sqrt[3]{46656} = \ldots$ $\quad$ $\sqrt[3]{2,197} = \ldots$

$\sqrt[3]{103823} = \ldots$ $\quad$ $\sqrt[3]{614,125} = \ldots$

$\sqrt[3]{970299} = \ldots$ $\quad$ $\sqrt[3]{0,357911} = \ldots$

Anm. Wenn in Decimalbrüchen bei der Klassenabtheilung 1 oder 2 Zahlen übrig bleiben, so kann man zur Ausfüllung der letzten Klasse noch 2 oder 1 Null anhängen, als:

97,|929|900|; 0,121|580|.

γ) dreitheilige.

§. 157. Die Analogie der Ausziehung 3theiliger Quadratwurzeln bietet nun das Verfahren für die Ausziehung **dreitheiliger Kubikwurzeln** von selbst dar.

$$\sqrt[3]{(a^3+3a^2b+3ab^2+b^3+3(a+b)^2c+3(a+b)c^2+c^3)} = 34|965|783| = \overset{a+b+c}{327}$$

a^3	$= 27 \ldots\ldots$
$3a^2b+3ab^2+b^3$.	$= 7965 \ldots$
$(3a^2)$ . . .	$= (27) \ldots$
$3a^2b$ . . .	$= 54 \ldots\ldots$
. $3ab^2$ . .	$= .36 \ldots$
. . b^3 .	$= \ldots 8 \ldots$
. $3a^2b+3ab^2+b^3$	$= 5768 \ldots$
$3(a+b)^2c+3(a+b)c^2+c^3$	$= 2197783$
$3(a+b)^2$ . . .	$= .(3072) \ldots$
$3(a+b)^2c$ . . .	$= 21504 \ldots$
. . . $3(a+b)c^2$	$= \ldots 4704 .$
. . . . . . c^3	$= \ldots 343$
$3(a+b)^2c+3(a+b)c^2+c^3$	$= 2197783$
#	#

Es ist daher die Regel . . .

Daraus läßt sich auch das Verfahren für die Ausziehung 4, 5, 6 . . . . theiliger Wurzeln leicht abnehmen, so daß hier die weitere Darstellung nicht nöthig ist.

Zur Uebung.

$\sqrt[3]{1860867} = \ldots$ $\sqrt[3]{47,437928} = \ldots$

$\sqrt[3]{955671625} = \ldots$ $\sqrt[3]{10{,}618986392} = \ldots$

$\sqrt[3]{41278242816} = \ldots$ $\sqrt[3]{0{,}012326391} = \ldots$

$\sqrt[3]{427434241687552} = \ldots$

Annäherung.

§. 158. Wie sich aber die Quadratwurzel nur aus wirklichen Quadratzahlen völlig ausziehen läßt (§. 154.), so läßt sich auch aus gleichem Grunde die Kubikwurzel nur aus wirklichen Kubikzahlen völlig ausziehen. Den Kubikwurzeln derjenigen Zahlen, welche sich zwischen jenen befinden, kann man sich daher ebenfalls nur annähern. Da nun für jede Ziffer der Kubikwurzel von der Zahl, woraus sie gezogen werden soll, je drei Ziffern zusammen genommen werden müssen, so folgt, daß man, um in der Wurzel

die Zehntheile zu erhalten . . .
" Hunderttheile " " . . .
" Tausendtheile " " . . . u. s. w.

anhängen und nach voriger Weise verfahren müsse; als:

$\sqrt[3]{80|} = 4,308\ldots$

64
16000
(48).
144..
.108.
...27
15507
493000
(5547).
493000000
(554700).
[4437600..
...82560.
.....512]
444586112
48413888000 u. s. f.

$\sqrt[3]{584,|600|} = 8,54\ldots$

512
.72,600
(192)..
[57,6..
.2,16.
0,027]
59,787
12,813000
(2,0667).
[8,2668..
0,03984.
0 000064]
8,306704
4,506296000 u. s. f.

Zur Uebung.

$\sqrt[3]{98765} = \ldots$ $\sqrt[3]{10} = \ldots$

$\sqrt[3]{987,65} = \ldots$ $\sqrt[3]{3} = \ldots$

Anm. 1. Will man aus einer irrationalen Kubikwurzel wieder die Kubikzahl berechnen, so muß man, wie oben (§. 154. Anm. 1.), den Rest dazu rechnen.

Anm. 2. Den Rest kann man nicht unter $\sqrt[3]{}$ setzen und der Wurzel anhängen, aus gleichen Gründen, wie §. 154. Anm. 2. Man setzt daher das Ausziehen so lange fort, bis die Theilchen so klein werden, daß man sie nicht zu achten braucht.

Anm. 3. Auch das Ausprobiren kann man für Kubikwurzeln anwenden, wiewohl es etwas schwieriger ist. Z. E. in $\sqrt[3]{46|656}$ muß der erste Theil der Wurzel $= 3$ seyn, und da $3^3 = 27$, die ganze Wurzel zwischen 30 und 40 fallen. Da sich nun die Zahl mit 6 endiget, so muß der zweite Theil der Wurzel 6 seyn, weil sich keine andere Kubikzahl von einfacher Grundzahl mit 6 schließt ($6^3 = 216$), folglich $\sqrt[3]{46656} = 36$ (vergl. §. 154. Anm. 3.)

Zur Uebung.

$\sqrt[3]{300763} = \ldots \quad \sqrt[3]{405224} = \ldots$

4) allgemein.

§. 159. Aus diesen allen können wir das Verfahren für die Ausziehung der Wurzel jeder höhern Potenz abnehmen. Denn wenn wir die 4te, 5te, 6te ... Wurzel ausziehen wollen, so müssen wir die Zahl in Klassen von 4, 5, 6 ... Ziffern theilen und der Auflößung der Formel der 4ten, 5ten, 6ten Potenz folgen.

Um aber diese umständlichere Operationen zu ersparen, welche in der Ausübung auch seltener vorkommen, kann man sich kürzerer und leichterer Mittel bedienen, welche sich im Folgenden ergeben werden.

Anmerk. Das Ausziehen der Quadrat- und Kubikwurzel haben schon die Griechen verstanden; jedoch ist uns ihr Verfahren unbekannt. Daß es mit dem unsrigen übereinstimmend, aber wegen Mangel unserer Zifferbezeichnung mit weit mehr Schwierigkeit verbunden gewesen sey, können wir mit Gewißheit schließen. Unsere Methode hat wahrscheinlich mit unseren Zahlzeichen einen Ursprung, und die Geschichte der Ausbildung desselben fällt in die Geschichte der Binominalcoefficienten (§. 149.).

2.

Rechnung mit Potenzen und Wurzeln.

a) Mit Potenzen.

§. 160. So wie bei der Ausübung der Rechnungsoperationen mit **Zahlen** diese sich allezeit auf eine und ebendieselbe Grundeinheit beziehen müssen, so können auch nur die Rechnungsoperationen bei Potenzen ausgeübt werden, welche eine und ebendieselbe **Grundzahl** haben, als:

$\div\ 10^{-4}..10^{-3}..10^{-2}..10^{-1}..10^{0}..10^{1}..10^{2}..10^{3}..10^{4}.....$

$\div\ 4^{-2}..\ 4^{-1}..\ 4^{0}\ ..\ 4^{1}..\ 4^{2}..\ 4^{3}\ ..\ 4^{4}..\ 4^{5}..\ 4^{6}.....$

allg. $\div\ a^{-3}..a^{-2}..a^{-1}..\ a^{0}..a^{1}..a^{2}..a^{3}..a^{4}..a^{5}..a^{6}....a^{n}$

$\div\ b^{-4}..b^{-3}..b^{-2}..b^{-1}..b^{0}..b^{1}..b^{2}..b^{3}..b^{4}..^{5}b^{6}..b^{n}$

Bei allen Potenzen **verschiedener Grundzahlen** läßt sich die Rechnung blos **andeuten** (als $a^3 + b^2$, $a^2 - b^2$, $a^2 . b^3$, $a^4 : b^2$), und wenn sie Zahlen **eines** Systems sind, näher berechnen, insofern sie Zahlen von **einerlei** Grundgröße sind. Z. B. $10^2 + 4^2 = 100 + 16 = 116$, $10^3 - 4^2 = 1000 - 16 = 984$; $10^1 . 4^3 = 10$; $. 64 = 640$; $4^4 : 10^2 = (256 : 100) = 2,56$ ꝛc. Es ist aber hier nicht von der **Ausrechnung** der Potenzen, d. i. Zurückführung auf **einerlei Einheit**, sondern vielmehr von der **Rechnung mit Potenzen** und der **Bezeichnung** derselben die Rede.

Addition und Subtraction.

§. 161. Da nur Zahlen von **einerlei Ordnung addirt** und **subtrahirt** werden können (§. 77.), die Exponenten der Potenzen aber die Ordnungen ausdrücken, so folgt, daß die **Addition** und **Subtraction der Potenzen** nur bei solchen geschehen kann, bei welchen sowohl die **Grundzahl**, als auch die **Exponenten** derselben gleich sind; als:

1) Addition.

$$\begin{array}{cccccc}
2a^2 & +\,5a^3 & +\,3b^n & - & 2c^4 & - \\
3a^2 & - & +\,b^n & +\,m^2 & - & +\,nx^n \\
- & +\,4a^3 & +\,2b^n & - & +\,3c^4 & +\,px^n \\
\hline
5a^2 & +\,9a^3 & +\,6b^n & +\,m^2 & +\,5c^4 & +\,(n+p)x^n
\end{array}$$

Regel. . . .

Können $3^2 + 3^3$, $5^2 + 4^2$, $a^2 + b^2 + c^2$, $5m^2 + 3m^3 + 3c^2$ rc. addirt werden, oder nicht? und warum?

2) Subtraction.

$$\begin{array}{cccc}
7a^2 & +\,3b^3 & +\,10c^2 & +\,mx^n \\
3a^2 & - & +\,5c^2 & +\,px^n \\
\hline
4a^2 & +\,3b^3 & +\,5c^2 & +\,(m-p)x^n
\end{array}$$

Regel. . . .

Können $5^2 - 3^2$, $4^3 - 4^2$, $4a^3 - b^3$, $2a^m - 2a^n$, $3bx^2 - 3cx^2$ rc. subtrahirt werden, oder nicht? und warum?

3) Multiplication.

§. 162. Bei der Multiplication oder Division aber können die Factoren verschiedener Ordnung seyn (§. 81.), mithin auch Potenzen von verschiedenen Exponenten multiplicirt werden, als:

$$4^3 \times 4^2 = 4\cdot 4 \times 4\cdot 4\cdot 4 = 4^5 = 4^{3+2}$$
$$a^2 \times a^3 = aa \times aaa = aaaaa = a^5 = a^{2+3}$$
$$b^4 \times b^2 = bbbb \times bb = bbbbbb = b^6 = b^{4+2}$$
$$c^2 \times c^3 \times c^1 = cc \times ccc \times c = c^{2+3+1} = c^6$$
$$a^n \times a^m = a^{n+m};\quad a^n \times a^p \times a^q = a^{n+p+q}$$

Regel. . . .

$$3^3 + 3^2 + 3^1$$
$$\underline{3^2 + 2^2 \qquad\qquad}$$
. . .

$$2^2 + b^2 + n^3$$
$$\underline{2^3 + n^2 \qquad\qquad\qquad\qquad\qquad\qquad}$$
. . .

$$4a^3 + 2a^2x + ax^2 + x^3$$
$$\underline{a + x \qquad\qquad\qquad}$$
. . .

4. Division.

§. 163. $\frac{3^3}{3^2} = \frac{3 \cdot 3 \cdot 3}{3 \cdot 3} = 3^{3-2} = 3^1$; $\frac{a^3}{a^2} = \frac{aaa}{aa} =$
$= a^{3-2} = a^1$; $\frac{b^2}{b^2} = \frac{b \,.\, b}{b \,.\, b} = b^{2-2} = b^0 = 1$;

allgem. $\frac{a^n}{a^m} = {}^{n-m}$.

Regel. . . .

$$3^2+2 \mid 3^4+3^2 . 2+3^3+3^2 . 2^2+3 . 2+2^3 \mid . . .$$
$$\underline{3^4+3^2 . 2 \quad . \quad . \quad . \quad .}$$
. . .

$$a+b \mid a^3+a^2b \mid . . . ; \quad a+b \mid a^3+2a^2b+ab^2+ab+b^2 \mid . .$$
$$\underline{a^3+a^2b} \qquad\qquad \underline{a^3+ a^2b \quad . \quad . \quad .}$$
. . . .

$$2x^2+5x \mid 6x^4+25x^3+37x^2+30x \mid . . .$$
$$\underline{6x^4+15x^3 \quad . \quad .}$$
. . .

Anmerk. Eine Zahl von der 1sten Potenz (die Grundzahl, z. B. 3^1, 5^1, a^1, b^1 ꝛc.) drückt nichts anders aus, als daß die Grundeinheit 3mal, 5mal ꝛc., mithin als die bezeichnete Zahl selbst, gedacht werden soll, daher eine Zahl von der 0ten Potenz

(3^0, 5^0, a^0, b^0 ꝛc.), daß die Grösse nicht vielfach, mithin nicht als Zahl gedacht werden, sondern Einheit bleiben soll. Darum ist jede 0te Potenz $= 1$ und $\frac{a^n}{a^n} = a^{n-n} = a^0 = 1$.

5) Potenziren.

§. 164. Soll man eine Potenz zu einer Potenz erheben, als $(3^2)^2 = 3^2 \cdot 3^2 = 3 \cdot 3 \cdot 3 \cdot 3 = 3^4 = 3^{2 \cdot 2}$, $(a^2)^3 = a^2 \cdot a^2 \cdot a^2 = a^{2 \cdot 3}$, $(a^2)^4 = a^2 \cdot a^2 \cdot a^2 \cdot a^2 = a^{2 \cdot 4}$, $(a^n)^2 = a^{2n}$, $(a^3)^n = a^{3n}$, allgem. $(a^n)^m = a^{n.m}$, so hat man . . .

als:

$(a^2 + b^2)^3 = (a^2 + b^2) \cdot (a^2 + b^2) \cdot (a^2 + b^2)$;

$(a^n + b^m)^2 = (a^n + d^m) \cdot (a^n + b^m)$.

6) Depotenziren.

§. 165. Wenn also das Potenziren der Potenzen durch die Multiplication der Exponenten geschieht, so muß das Depotenziren, als: $\sqrt{3^2} = 3^{\frac{2}{2}} = 3^1$, $\sqrt{2^4} = 2^{\frac{4}{2}} = 2^2$, $\sqrt[3]{a^6} = a^{\frac{6}{3}} = a^2$ $\sqrt[n]{a^3} = a^{\frac{3}{n}}$, allgem. $\sqrt[n]{a^m} = a^{\frac{m}{n}}$ ꝛc., mittelst der . . .

Zur Uebung.

$\sqrt{a^3} = \ldots$, $\sqrt[3]{a^2} = \ldots$, $\sqrt{a} = \ldots$;

$\sqrt{(a+b)} = \ldots$, $\sqrt[3]{(a-c)} = \ldots$; $\sqrt[n]{(a+x)^m} = \ldots$

Anmerk. Umgekehrt kann man, wenn der Exponent einer Potenz ein Bruch ist, als $4^{\frac{1}{2}} = \sqrt{4} = 2$, $8^{\frac{1}{3}} = \sqrt[3]{8} = 2$, $a^{\frac{1}{2}} = \sqrt{a}$, $a^{\frac{2}{3}} = \sqrt[3]{a^2}$, $a^{\frac{3}{n}} = \sqrt[n]{a^3}$, $a^{\frac{n}{m}} = \sqrt[m]{a^n}$ ꝛc., . . .

b) mit Wurzelgrößen.

§. 166. Unterwerfen wir nun auch die Wurzeln, welche man, da sie nicht immer als Zahlen gedacht und ausgesprochen werden können (irrational sind), überhaupt Wurzelgrößen zu nennen pflegt, den Rechnungsoperationen, so muß hier ebenfalls die allgemeine Bedingung gelten (§. 161.). Es ist dabei nicht von der Ausziehung der Wurzeln die Rede, sondern blos von symbolischer Darstellung derselben nach den Gesetzen der Rechnungsoperationen.

Addition und Subtraction.

§. 167. Da die Addition und Subtraction völlige Gleichartigkeit der Größen fordert, so können nur Wurzelgroßen von einerlei . . .
wo dieß nicht der Fall ist, muß man . . .

1) Addition.

$3\sqrt{a}+2\sqrt{a}=5\sqrt{a}$; $2\sqrt[3]{5}+3\sqrt[3]{5}+\sqrt[3]{5}=6\sqrt[3]{5}$;
allgem. $b\sqrt[n]{a^m}+c\sqrt[n]{a^m}=(b+c)\sqrt[n]{a^m}$.

$$\begin{array}{r} 5\sqrt{7}+3\sqrt{2}+\sqrt[3]{b^2}+\sqrt[n]{x} \\ \sqrt{7}+5\sqrt{2}+3\sqrt[3]{b^2}+y\sqrt[n]{x} \\ \hline 6\sqrt{7}+8\sqrt{2}+4\sqrt[3]{b^2}+(y+1)\sqrt[n]{x} \end{array}$$

Regel. . . .

$4\sqrt{5}+2\sqrt{3}$; $2\sqrt[2]{a}+3\sqrt[2]{a^3}$; $\sqrt[3]{7}+\sqrt[3]{6}$; $\sqrt[n]{4}+\sqrt[n]{5}$;
$\sqrt[n]{a^m}+\sqrt[r]{b^p}$ rc., können sie addirt werden? warum?

2) Subtraction.

$7\sqrt{3}-2\sqrt{3}=5\sqrt{3}$; $4\sqrt[3]{5}-\sqrt[3]{5}=3\sqrt[3]{5}$

allgem. $a\sqrt[n]{c^m}-b\sqrt[n]{c^m}=(a-b)\sqrt[n]{c^m}$

$$\begin{array}{cccc} 5\sqrt{2} & 3\sqrt[3]{m} & 6\sqrt[m]{b} & p\sqrt[n]{x^m} \\ 2\sqrt{2} & 3\sqrt[3]{m} & \sqrt[m]{b} & \sqrt[n]{x^m} \\ \hline 3\sqrt{2} & -- & 5\sqrt[m]{b} & (p-1)\sqrt[n]{x^m} \end{array}$$

Regel. . . .

$2\sqrt{8}-2\sqrt{6}$; $3\sqrt[3]{3}-\sqrt[2]{3}$; $\sqrt{48}-\sqrt{27}$; $\sqrt[3]{b}-\sqrt[3]{c}$; $\sqrt[n]{a}-\sqrt[m]{a}$; $\sqrt{(a+b)a^2}-\sqrt{(a+b)b^2}$ rc.; können diese subtrahirt werden, oder nicht? und warum?

Anm. 1. Bisweilen scheint blos das Verhältniß zweier Wurzelgrößen irrational zu seyn, ist es aber nicht; welches sich bei der Auflösung der Zahlen ergiebt; als:

$\sqrt{12}+\sqrt{27}=\sqrt{4\cdot3}+\sqrt{9\cdot3}$. (aus 4 und 9 die Quadratwurzel gezogen), $=2\sqrt{3}+3\sqrt{3}=5\sqrt{3}$; $\sqrt[3]{81}-\sqrt[3]{24}=\sqrt[3]{27\cdot3}-\sqrt[3]{8\cdot3}=3\sqrt[3]{3}-2\sqrt[3]{3}$ $=\sqrt[3]{3}$.

allgem. $\sqrt[n]{a^nb}\pm\sqrt[n]{c^nb}=a\sqrt[n]{b}\pm c\sqrt[n]{b}=$
$(a\pm c)\sqrt[n]{b}$

Diese Untersuchung geschieht daher so, daß man die Zahlen in ihre Factoren so zerlegt, daß man einen gewinnt, aus welchem die Wurzel gezogen werden kann. Ist dann der andere Factor in beiden Größen eine und ebendieselbe Zahl, so lassen sie sich addiren und subtrahiren.

Zur Uebung.

1) Addition.

$\sqrt{63}+\sqrt{28}=\ldots$

$\sqrt{18}+\sqrt{32}=\ldots$

$\sqrt[3]{48}+\sqrt[3]{162}=\ldots$

$\sqrt{(16a+8)}+\sqrt{(4a+2)}=\ldots$

$\sqrt{(a^3+a^2b)}+\sqrt{(ab^2+b^3)}=\ldots$

$\sqrt[n]{(x^{n+1}+yx^n)}+\sqrt[n]{(y^{n+1}+xy^n)}=\ldots$

2) Subtraction.

$\sqrt{48}-\sqrt{27}=\ldots$

$\sqrt{320}-\sqrt{45}=\ldots$

$\sqrt[3]{128}-\sqrt[3]{54}=\ldots$

$\sqrt{(mx^2+2mxy+my^2)}-\sqrt{(y^2m+my+\frac{1}{4}m)}$
$=\ldots$

Anmerk. 2. Alle irrationalen Wurzelgrößen lassen sich aber addiren und subtrahiren, wenn man sie bis zu einer gewissen Decimalstelle auszieht; z. B.

$$\begin{array}{rl} \sqrt{6}=2{,}44948974\ldots & \sqrt{3}=1{,}73200508\ldots \\ \sqrt{2}=1{,}41421356\ldots & \sqrt{3}=1{,}41421356\ldots \\ \hline \sqrt{6}+\sqrt{2}=3{,}86370330\ldots & (\sqrt{3}-\sqrt{2})=0{,}31779152\ldots \end{array}$$

3) Multiplication.

§. 168. Bei der Multiplication der Wurzelgrößen können zwei Hauptfälle statt finden:

a) Entweder beide Factoren haben einerlei Wurzelexponenten (gleichnamig); z. E.

$\sqrt{8}\cdot\sqrt{5}=\sqrt{40}=\sqrt{(4\cdot 10)}=2\sqrt{10}.$

$\sqrt[3]{3}\cdot\sqrt[3]{9}=\sqrt[3]{27}=3.$

$\sqrt{ab}\,.\,\sqrt{ab^2}=\sqrt{a^2\,.\,b^3}=a\sqrt{b^2\,.\,b}=ab\sqrt{b}.$

so hat man . . .

$\sqrt{6} \cdot \sqrt{3} \cdot \sqrt{2} = \ldots$

$\sqrt{21} \cdot \sqrt{6} \cdot \sqrt{2} = \ldots$

$\sqrt[3]{12} \cdot \sqrt[3]{18} \cdot \sqrt[3]{4} = \ldots$

$\sqrt[n]{x^{n-1}y} \cdot \sqrt[n]{xy^n} = \ldots$

β) oder sie haben verschiedene Wurzelexponenten (ungleichnamig), wo man sie dann, so wie die Brüche (§. 130.) durch Multiplication zu einerlei Benennung, zu gleichem Namen (Exponenten) bringen muß, als:

$\sqrt[2]{2} \cdot \sqrt[3]{2} = \sqrt[2.3]{2^3} \cdot \sqrt[2.3]{2^2} = \sqrt[6]{2^3 \cdot 2^2} = \sqrt[6]{8 \cdot 4} = \sqrt[6]{32}$,

$\sqrt[n]{a} \cdot \sqrt[m]{b} = \sqrt[nm]{a^m} \cdot \sqrt[mn]{b^n} = \sqrt[mn]{a^m b^n}$.

Man multiplicirt also . . .

$\sqrt[3]{3} \cdot \sqrt[2]{3} = \ldots$

$\sqrt{5} \cdot \sqrt[3]{2^2} = \ldots$

$\sqrt{p} \cdot \sqrt[n]{q^m} = \ldots$

4) Division.

§. 169. Bei der Division müssen ebenfalls die zwei Fälle unterschieden werden.

α) Wenn die Wurzelexponenten gleich sind, als:

$\sqrt{12} : \sqrt{3} = \frac{\sqrt{12}}{\sqrt{3}} = \sqrt{(\tfrac{12}{3})} = \sqrt{4} = 2.$

$\sqrt{120} : \sqrt{5} = \frac{\sqrt{120}}{\sqrt{5}} = \sqrt{(\tfrac{120}{5})} = \sqrt{24} = \sqrt{4 \cdot 6} =$
$= 2\sqrt{6}.$

$\sqrt{a^3b^2} : \sqrt{ab} = \frac{\sqrt{a^3b^2}}{\sqrt{ab}} = \sqrt{\left(\frac{a^3b^2}{ab}\right)} = \sqrt{a^2b} =$
$= a\sqrt{b}.$

so dividirt man . . .

$\sqrt{600}:\sqrt{8} = \ldots$

$\sqrt{(a^4 + a^3 b)}:\sqrt{a} = \ldots$

β) Wenn die Wurzelexponenten verschieden sind, als:

$$\sqrt[2]{3}:\sqrt[3]{2} = \sqrt[2.3]{3^3}:\sqrt[2.3]{2^2} = \sqrt[6]{\left(\frac{3^3}{2^2}\right)} = \sqrt[6]{\tfrac{27}{8}} = \sqrt[6]{3{,}375}.$$

$$\sqrt[n]{a}:\sqrt[m]{b} = \sqrt[n.m]{a^m}:\sqrt[n.m]{b^n} = \sqrt[m\,n]{\frac{a^m}{b^n}}.$$

so muß man sie . . .

Anm. Wenn man aus Brüchen eine Wurzel zu ziehen hat, so kann man den Bruch so verwandeln, daß entweder der Zähler oder der Nenner diejenige Potenz wird, deren Wurzel man ausziehen will (§. 129.); als:

$$\sqrt{\tfrac{2}{3}} = \sqrt{\frac{2\cdot3}{3\cdot3}} = \sqrt{\tfrac{6}{9}} = \frac{\sqrt{6}}{\sqrt{9}} = \frac{\sqrt{6}}{3} = \frac{\sqrt{2.2}}{3.2} = \sqrt{\tfrac{4}{6}} =$$

$$= \frac{\sqrt{4}}{\sqrt{6}} = \frac{2}{\sqrt{6}}$$

$$\sqrt{\frac{a}{b}} = \sqrt{\frac{a^2}{ab}} = \frac{\sqrt{a^2}}{\sqrt{ab}} = \sqrt{\frac{a}{ab}} = \frac{\sqrt{ab}}{\sqrt{b^2}} = \frac{\sqrt{ab}}{b}$$

$$\sqrt{\frac{x}{y}} = \sqrt{\frac{xy}{y^2}} = \frac{\sqrt{xy}}{\sqrt{y^2}} = \frac{\sqrt{xy}}{y} = \frac{\sqrt{x^2}}{\sqrt{xy}} = \frac{x}{\sqrt{xy}}$$

5) Potenziren.

§. 170. Da das Potenziren durch Multiplication geschieht, so muß sich aus §. 164. und 168. das Verfahren dafür leicht ergeben.

$(\sqrt{3})^2 = \sqrt{3}.\sqrt{3} = \sqrt{3^2} = 3.$

$(\sqrt{2})^3 = \sqrt{2}.\sqrt{2}.\sqrt{2} = \sqrt{2^3} = 2^{\frac{3}{2}}$ (§. 165.)

$(\sqrt{3^3})^2 = \sqrt{3^3}\,.\,\sqrt{3^3} = \sqrt{3^{3+3}} = \sqrt{3^6} = 3^{\frac{6}{2}} =$

$= 3^3 = 27.$

$(\sqrt{a})^3 = \sqrt{a} \,.\, \sqrt{a} \,.\, \sqrt{a} = \sqrt{a^3} = a^{\frac{3}{2}}$

$(\sqrt[n]{c})^m = \sqrt[n]{c^m} = c^{\frac{m}{n}}$; $(\sqrt[n]{x^r})^m = \sqrt[n]{x^{rm}} = x^{\frac{rm}{n}}$.

Regel. Es wird daher ...

$(\sqrt{5})^3 = \ldots$

$(\sqrt[3]{6})^2 = \ldots$

$(\sqrt[3]{8})^2 = \ldots$

6) Depotenziren oder Ausziehen der Wurzeln aus Wurzelgrößen.

§. 171. Auf gleiche Art muß sich auch aus §. 165. und 169. das Depotenziren der Wurzelgrößen ergeben:

$\sqrt{16} = 4$, $\sqrt{4} = 2$, mithin $\sqrt[2]{\sqrt[2]{16}} = \sqrt[2 \cdot 2]{16} = \sqrt[4]{16}$

$\sqrt{\sqrt[3]{729}} = \sqrt[6]{729} = \sqrt[6]{(9 \cdot 81)} = \sqrt[2]{9} \cdot \sqrt[3]{81} =$

$= 3\sqrt[3]{81}$

$\sqrt{\sqrt{a}} = \sqrt[4]{a} = a^{\frac{1}{4}}$; $\sqrt[r]{\sqrt[m]{x^n}} = \sqrt[rm]{x^n} = x^{\frac{n}{rm}}$.

Regel. ...

$\sqrt{\sqrt{256}} = \ldots$

$\sqrt[n]{\sqrt[m]{pq}} = \ldots$

B. Von den Verhältnißzahlen oder von den Logarithmen.

§. 172. Richten wir nun endlich noch unsere Aufmerksamkeit auf die Verhältnißzahlen oder Logarithmen, so wissen wir aus §. 44., daß sie Zahlen sind, welche das 1, 2, 3, 4, ... fache Verhältniß einer Zahl zu einem gewissen Grundverhältnisse aussprechen. Dort war

a) bei der steigenden Progression (§. 41. a.)

die Reihe $1 \,..\, 3 \,..\, 9 \,..\, 27 \,..\, 81 \,..\, 243 \,..\, 729 \,....$
bezeichnet $3^0 \,..\, 3^1 \,..\, 3^2 \,..\, 3^3 \,..\, 3^4 \,..\, 3^5 \,..\, 3^6 \,....$
Logg. $0. \; 1. \; 2. \; 3. \; 4. \; 5. \; 6. ...$
allgemein $1 \,..\, a \,..\, aa \,..\, aaa \,..\, aaaa \,..\, aaaaa \,....$
bezeichnet $a^0 \,..\, a^1 \,..\, a^2 \,..\, a^3 \,..\, a^4 \,..\, a^5 \,....$
Logg. $0 \,.\, 1 \,.\, 2 \,.\, 3 \,.\, 4 \,.\, 5 ....$

b) bei der fallenden (§. 41. b.)

die Reihe $1 \,..\, \frac{1}{3} \,..\, \frac{1}{9} \,..\, \frac{1}{27} \,..\, \frac{1}{81} \,..\, \frac{1}{243} \,..\, \frac{1}{729} \,....$
bezeichnet $3^0 \,..\, 3^{-1} \,..\, 3^{-2} \,..\, 3^{-3} \,..\, 3^{-4} \,..\, 3^{-5} \,..\, 3^{-6} \,....$
Logg. $0 - 1. - 2. - 3. - 4. - 5 - 6 ....$
allgemein $1 \,..\, \frac{1}{a} \,..\, \frac{1}{a^2} \,..\, \frac{1}{a^3} \,..\, \frac{1}{a^4} \,..\, \frac{1}{a^5} \,..\, \frac{1}{a^6} \,....$
$= a^0 \,..\, a^{-1} \,..\, a^{-2} \,..\, a^{-3} \,..\, a^{-4} \,..\, a^{-5} \,..\, a^{-6} \,....$
Logg. $0 - 1. - 2. - 3. - 4. - 5. - 6 ....$

Zusammen:

Reihe $\div \; a^{-4}..a^{-3}..a^{-2}..a^{-1}..a^0..a^1..a^2..a^3..a^4..a^5 ....$
Logg $\div -4 \; -3 \; -2 \; -1. \; 0. \; 1. \; 2. \; 3. \; 4. \; 5 ....$

Wie wir nun sowohl die Zahlen selbst, als auch die Verhältnisse derselben, als auch die Potenzen und Wurzeln erst an sich betrachteten, bevor wir die Rechnungsoperationen auf sie anwendeten, so wollen wir auch

1) von den Logarithmen an sich, und
2) von der Rechnung mit ihnen handeln.

1.

Von den Logarithmen an sich.

§. 173. Vergleichen wir hier wieder §. 70., so sehen wir, daß die Logarithmen mit der Höhe der Ordnungen der Zahlen steigen und fallen, so daß die der ganzen Zahlen positiv, die der Brüche negativ sind; und sind daher die ganzen Zahlen 1, 2, 3, 4.... — 1, — 2, — 3, — 4 ꝛc. die Logarithmen für die Grundzahlen der Ordnungen nach beiden Richtungen. Allein alle Zahlen, welche jede Ordnung enthalten, haben zu der Grundzahl des Systems ebenfalls ein Verhältniß, es sey rational oder irrational, welches in einer Zahl, sey sie endlich oder unendlich (§. 38.), muß ausgedrückt werden können. Da es nun möglich ist, das Verhältniß jeder Zahl zur Grundzahl ihres Systems auszudrücken, so läßt sich nach jedem Zahlsysteme auch ein Logarithmensystem bilden. Wie man daher die Zahlen der Verhältnisse jeder Zahl zur Grundzahl des Systems findet, ist hier die nächste Frage.

Bildungsweise der Logarithmen.

§. 174. Da die Logarithmen den Exponenten der Potenzen gleich sind, so leuchtet ein, daß wir eben so mit ihnen verfahren können, wie mit diesen (§. 160. u. f.).

Dort aber wurden
d. Exponenten addirt, wenn d. Potenzen multiplic. wurden,
„ „ subtrahirt, „ „ dividirt „
„ „ multiplicirt, „ „ potenzirt „
„ „ dividirt, wenn aus den Potenzen Wurzeln gezogen werden sollen.

Da nun dasselbe auch von den Logarithmen in Hinsicht ihrer Zahlen gelten muß, so ersieht man leicht, daß man die Logarithmen

a) der Producte aus vorhandenen Factoren (§. 162.) findet:
$\lambda 20 = \lambda(4 \cdot 5) = \lambda 4 + \lambda 5$; allgem. $\lambda(a \cdot b) = \lambda a + \lambda b$ wenn man ...

b) der Quotienten aus benannten Factoren (§. 163.)
$\lambda \frac{10}{2} = \lambda 5 = \lambda 10 - \lambda 2$; allgem. $\lambda \frac{a}{b} = \lambda a - \lambda b$
wenn man ...

c) der Potenzen der Zahlen (§. 164.)
$\lambda 5^2 = 2\lambda 5$, $\lambda 6^3 = 3\lambda 6$, allgem. $\lambda a^n = n\lambda a$,
wenn man ...

d) der Wurzeln (§. 165.), als
$\lambda \sqrt{5} = \frac{\lambda 5}{2} = \frac{1}{2}\lambda 5$, $\lambda \sqrt[3]{9} = \frac{\lambda 9}{3} = \frac{1}{3}\lambda 9$,
allgem. $\lambda \sqrt[n]{a} = \frac{\lambda a}{n} = \frac{1}{n}\lambda a$,
wenn man ...

Da also die Logarithmen derjenigen Zahlen, welche Producte oder Quotienten, Potenzen oder Wurzeln aus andern Zahlen sind, aus den Logarithmen der letztern gebildet werden können, und wir oben (§. 73.) gesehen haben, daß alle Zahlen entweder Stammzahlen oder aus ihnen gebildete sind, so folgt, daß man nur die Logarithmen der ...

Logarithmensystem.

§. 175. So wie das Denken der Zahlen selbst systematische Ordnung fordert (§. 67.), eben so das ihrer Logarithmen. Wiewohl aber jede Zahl eines jeden Zahlensystems (welche allgemein a bedeutet) zur Grundzahl (basis) eines Logarithmensystems dienen kann, so ist es doch am nützlichsten, die

Grundzahl des eingeführten Zahlensystems, zehn dazu zu wählen. Nach diesem ist

a) die steigende

Reihe 1 ..10 ..100..1000..10000..100000....
bez. $10^0..10^1..10^2..10^3..10^4..10^5....$
Logg.. 0. 1. 2. 3. 4. 5....

b) die fallende

Reihe 1 ..0,1 ..0,01 ..0,001..0,0001..0,00001....
bez. $10^0..10^{-1}..10^{-2}..10^{-3}..10^{-4}..10^{-5}....$
Logg. 0 . —1 . —2 . —3 . —4 . —5....

Es sind mithin dadurch die Logarithmen aller Ordnungszahlen bestimmt, und es leuchtet zugleich der Grund jener Bezeichnung der decadischen Zahlenordnungen (§. 69. u. 70.) ein. Da nun der Log. 10 = 1 ist, Eins aber, weil es keine Zahl, sondern nur eine Größe ist (§. 73. 1.), keinen Logarithmen haben kann, so folgt, daß die Logarithmen aller zwischen 1 und 10 sich befindenden Stammzahlen . . .

Anm. Unser gewöhnliches Logarithmensystem, welches Zehn zur Grundzahl hat, wird von seinem Urheber, H. Briggs (§. 182.), das Briggische, auch hin und wieder das gemeine, genannt.

Berechnung der Logarithmen.

§. 176. Um nun die Logarithmen der Stammzahlen (Primzahlen), welche in unserm Systeme 2, 3, 5, 7, 11, 13 u. s. w. (§. 74.) sind, auszumitteln, kann man sich jener §. 174. erkannten Gesetze bedienen, und durch ein eben so anziehendes als kunstreiches Verfahren blos aus dem Log. 10 = 1 die Logarithmen jener Zahl gewinnen. Da nämlich nach §. 174. d. die Division der Logarithmen der Wurzelausziehung aus den ihnen zugehörigen Zahlen entspricht, so ist, wenn

a) $1 = \lambda 10$, und man den Log. durch 2 dividirt,

b) $\frac{1}{2} = 0,5 = \lambda\sqrt{10} = \lambda 3,1622776601 \ldots.$

c) $\frac{1}{4} = 0,25 = \lambda\sqrt{3,1622776601 \ldots.}$

$= \lambda 1,77827941003 \ldots.$

Da nun die erstere Zahl 3,1622.... größer als 2, die andere 1,77827.... kleiner, als 2 ist, so erkennen wir schon hieraus, daß der Logarithmus 2 . . .

Anmerk. Es ist dieses Verfahren nichts anders, als das Suchen der mittlern Proportionalgröße (§. 121.); nämlich:

$$1 \ldots m = m \ldots 10$$
$$m^2 = 10$$
$$m = \sqrt{10} = 3,162277 \ldots.$$

Logarithmus 2.

§. 177. Die letztere jener Zahlen aber, 1,77827794.... ist näher an 2 als die erstere 3,16227766. .., mithin auch 0,25 näher an λ2, als 0,5. Um nun den Log. 2 wirklich zu erhalten, kann man durch immer fortgesetzte Theilung der Logg. durch 2 immer kleinere aliquote Theilchen von ihnen zu gewinnen suchen und sie dann zu 0,25 addiren, so daß man auf der andern Seite aus den ihnen entsprechenden Zahlen die Quadratwurzeln zieht, und diese (nach §. 174. a.) multiplicirt, bis man entweder 2 selbst, oder wenigstens 1,999999..... bekommt.

Zahlen.	Logarithmen.
$a = 10$	$\lambda a = 1$
$\sqrt{a} = 3,16227\ 76601 = b$	$\lambda b = 0,5$
$\sqrt{b} = 1,77827\ 94100 = c$	$\lambda c = 0,25$
$\sqrt{c} = 1,33352\ 14321 = d$	$\lambda d = 0,125$
$\sqrt{d} = 1,15478\ 19846 = e$	$\lambda e = 0,0625$

$\sqrt{e} = 1{,}07460\ 78283 = f$	$\lambda f = 0{,}03125$
$\sqrt{f} = 1{,}03663\ 29284 = g$	$\lambda g = 0{,}01562\ 5$
$\sqrt{g} = 1{,}01815\ 17217 = h$	$\lambda h = 0{,}00781\ 25$
$\sqrt{h} = 1{,}00903\ 50448 = i$	$\lambda i = 0{,}00390\ 625$
$\sqrt{i} = 1{,}00450\ 73642 = k$	$\lambda k = 0{,}00195\ 3125$
$\sqrt{k} = 1{,}00225\ 11482 = l$	$\lambda l = 0{,}00097\ 65625$
$\sqrt{l} = 1{,}00112\ 49413 = m$	$\lambda m = 0{,}00048\ 828125$
$\sqrt{m} = 1{,}00056\ 23126 = n$	$\lambda n = 0{,}00024\ 41406\ldots$
$\sqrt{n} = 1{,}00028\ 11167 = o$	$\lambda o = 0{,}00012\ 20703\ldots$
$\sqrt{o} = 1{,}00014\ 05485 = p$	$\lambda p = 0{,}00006\ 10351\ldots$
$\sqrt{p} = 1{,}00007\ 02717 = q$	$\lambda q = 0{,}00003\ 05175\ldots$
$\sqrt{q} = 1{,}00003\ 51352 = r$	$\lambda r = 0{,}00001\ 52587\ldots$
$\sqrt{r} = 1{,}00001\ 75674 = s$	$\lambda s = 0{,}00000\ 76293\ldots$
$\sqrt{s} = 1{,}00000\ 87837 = t$	$\lambda t = 0{,}00000\ 38146\ldots$
$\sqrt{t} = 1{,}00000\ 43918 = u$	$\lambda u = 0{,}00000\ 19073\ldots$
$\sqrt{u} = 1{,}00000\ 21059 = v$	$\lambda v = 0{,}00000\ 09536\ldots$
$\sqrt{v} = 1{,}00000\ 10979 = w$	$\lambda w = 0{,}00000\ 04768\ldots$
$\sqrt{w} = 1{,}00000\ 05489 = x$	$\lambda x = 0{,}00000\ 02384\ldots$
$\sqrt{x} = 1{,}00000\ 02744 = y$	$\lambda y = 0{,}00000\ 01192\ldots$
$\sqrt{y} = 1{,}00000\ 01372 = z$	$\lambda z = 0{,}00000\ 00596\ldots$
$\sqrt{z} = 1{,}00000\ 00686 = \alpha$	$\lambda \alpha = 0{,}00000\ 00298\ldots$
$\sqrt{\alpha} = 1{,}00000\ 00343 = \beta$	$\lambda \beta = 0{,}00000\ 00149\ldots$
$\sqrt{\beta} = 1{,}00000\ 00085 = \gamma$	$\lambda \gamma = 0{,}00000\ 00074\ldots$

u. s. f.

Multipliciren wir nun die gefundenen Zahlen mit einander, so ist

$$c \times d = 1{,}7782\ldots \times 1{,}3335\ldots = 2{,}355\ldots > 2,$$

mithin auch

$$\lambda c + \lambda d = 0{,}25 + 0{,}125 = 0{,}375 > \lambda 2.$$

$$c \times e = 1{,}7782\ldots \times 1{,}1547\ldots = 2{,}035\ldots > 2,$$

folglich auch

$$\lambda c + \lambda e = 0{,}25 + 0{,}0625 = 0{,}3125 > \lambda 2.$$

$$c \times f = 1{,}7782\ldots \times 1{,}0746\ldots = 1{,}91095\ldots < 2,$$

folglich

$$\lambda c + \lambda f = 0,25 + 0,03125 = 0,28125 < \lambda 2.$$

Wir erkennen also hieraus, daß der Logarithm. 2 zwischen . . .

Um ihn genau zu bekommen, dürfen wir die zuletzt gefundene Zahl 1,91095.... durch Multiplication, und ihren Logarithmus 0,28125 durch Addition vermehren.

$c \times f$	$= 1,9109\ 5310 \ldots = A$	$\lambda A = 0,2812\ 5$
$A \times g$	$= 1,9809\ 5697 \ldots = B$	$\lambda B = 0,2968\ 75$
$B \times i$	$= 1,9988\ 5501 \ldots = C$	$\lambda C = 0,3007\ 8125$
$C \times n$	$= 1,9999\ 7905 \ldots = D$	$\lambda D = 0,3010\ 25390 \ldots$
$D \times t$	$= 1,9999\ 9661 \ldots = E$	$\lambda E = 0,3010\ 29204 \ldots$
$E \times w$	$= 1,9999\ 9881 \ldots = F$	$\lambda F = 0,3010\ 29680 \ldots$
$F \times x$	$= 1,9999\ 9991 \ldots = G$	$\lambda G = 0,3010\ 29918 \ldots$
$G \times \beta$	$= 1,9999\ 9997 \ldots = H$	$\lambda H = 0,3010\ 29932 \ldots$
$H \times \beta$	$= 2,0000\ 0000 \ldots = I$	$\lambda I = 0,3010\ 29946 \ldots$

Anm. Genauer ist $\lambda 2 = 0,30102999563981 \ldots$, welchen man aber abkürzt, indem man ihn um $\frac{1}{100000000}$ größer, mithin $= 0,30102300$ nimmt.

Logarithmen aus Log. 2.

§. 178. Ist der Logarithmus 2 gefunden, so lassen sich daraus die Logarithmen aller Zahlen bilden, welche aus der 2 selbst und allein entstanden sind. Denn da $2^2 = 4$, $2^3 = 8$, $2^4 = 16$ rc., so ist (§. 174. c.)

$$\lambda 4 = \lambda 2^2 = 2\lambda 2 = 2 \times 0,3010300 = 0,6020600$$

$$\lambda 8 = \lambda 2^3 = 3\lambda 2 = 3 \times 0,3010300 = 0,9030900$$

$$\lambda 16 = \ldots$$

$$\lambda 32 = \ldots$$

u. s. f.

Da ferner $\lambda 10 = 1$, $5 = \frac{10}{2}$, so ist (§. 174. b.)

$$\lambda 5 = \lambda 10 - \lambda 2 = 1 - 0,3010300 = 0,6989700$$

$$\lambda 25 = \lambda 5^2 = 2\lambda 5 = 2 \times 0,6989700 = 1,3979400$$

$\lambda 125 = \ldots$
$\lambda 625 = \ldots$

u. s. f.

Und da $\lambda 10 = 1$, $\lambda 100 = 2$, $\lambda 1000 = 3$ rc. (§. 175.), so ist (§. 174. a.)

$\lambda 20 = \lambda(2 . 10) = \lambda 10 + \lambda 2 = 1{,}3010300$
$\lambda 40 = \lambda(4 . 10) = \lambda 10 + \lambda 4 = 1{,}6020600$
$\lambda 80 = \ldots$
$\lambda 160 = \ldots$
$\lambda 320 = \ldots$

u. s. f.

$\lambda 200 = \lambda(100 . 2) = \lambda 100 + \lambda 2 = 2{,}3010300$
$\lambda 400 = \lambda(100 . 4) = \lambda 100 + \lambda 4 = 2{,}5020600$
$\lambda 800 = \ldots$
$\lambda 1600 = \ldots$

u. s. f.

Anmerk. Die Ziffer, welche vor dem Komma steht: 0, 1, 2, 3, u. s. f., nennt man die Kennziffer oder Charakteristik, weil man an ihr sogleich erkennt, ob der Logarithmus einem Einer, Zehner, Hunderte, Tausende rc. zugehört; die Ziffern hinter dem Komma dagegen heißen die Mantissa (Zugabe, Schleppe).

Logarithmus 3.

§. 179. Nächst dem Log. 2 ist der Log. 3. der wichtigste (§. 176.), weil sich aus ihm und durch Verbindung mit der schon gefundenen, die Logarithmen aller Zahlen jener Reihe: 6, 9, 12, 15, 18, 24 u. s. f. (. 73. 3.) bilden lassen. Umgekehrt läßt sich aus den Logarithmen dieser Zahlen der Logarithm. 3 finden. Da nun der Logarithm. 9 leichter ausgemittelt werden kann, so suchen wir diesen.

5c	$=$ 8,8913 9705 $=$ K	λ K	$=$ 0,9489 700
K. i	$=$ 8,9717 3106 $=$ L	λ L	$=$ 0,9528 7625
L. l	$=$ 8,9919 2777 $=$ M	λ M	$=$ 0,9538 5281
M. n	$=$ 8,9969 8429 $=$ N	λ N	$=$ 0,9540 9695
N. o	$=$ 8,9995 1361 $=$ O	λ O	$=$ 0,9542 1902
O. r.	$=$ 8,9998 2985 $=$ P	λ P	$=$ 0,9542 3428
P. s	$=$ 8,9999 8797 $=$ Q	λ Q	$=$ 0,9542 4192
Q. v	$=$ 8,9999 9768 $=$ R	λ R	$=$ 0,9542 4239
R. y	$=$ 8,9999 9913 $=$ S	λ S	$=$ 0,9542 4245
S. z	$=$ 8,9999 9992 $=$ T	λ T	$=$ 0 954 24248
T. B	$=$ 9,0000 0000 $=$ U	λ U	$=$ 0,954 24250

Da nun $9 = 3^3$, so ist (§. 174. d.)

$\lambda 3 = \lambda\sqrt{9} = \frac{1}{2}\lambda 9 = 0{,}9542425 : 2 = 0{,}47712125.$

$\lambda 6 = \lambda(3 \cdot 2) = \lambda 3 + \lambda 2 = 0{,}77815125.$

$\lambda 12 = \lambda(3 \cdot 4) = \lambda 3 + \lambda 4 = 1{,}07918125.$

$\lambda 15 = \ldots$

$\lambda 18 = \ldots$

$\lambda 27 = \ldots$

u. s. w.

$\lambda 30 = \lambda(3 \cdot 10) = \lambda 3 + \lambda 10 = 1{,}47712125.$

$\lambda 60 = \lambda(6 \cdot 10) = \lambda 6 + \lambda 10 = 1{,}77815125.$

$\lambda 90 = \ldots$

$\lambda 120 = \ldots$

u. s. w.

$\lambda 300 = \lambda(3 \cdot 100) = \lambda 3 + \lambda 100 = 2{,}47712125.$

$\lambda 600 = \ldots$

$\lambda 900 = \ldots$

u. s. w.

So leuchtet nun ein, daß mittelst der Logarithmen 2 und 3 die Logg. aller Zahlen gefunden werden können, welche von 2, 3, und 5 abstammen.

Auf gleiche Weise können nun auch die Logarithmen von 7, 11, 13, 17 ..... und den übrigen Primzahlen (§. 74.) ausgesucht und aus ihnen die Logarithmen der von ihnen abstammenden Zahlen gebildet werden; allein die sogenannte Analysis des Unendlichen zeigt dazu bequemere Wege. Diese Logarithmen hat man bis zu 102100 auf soviel Decimalstellen berechnet, als es je der Gebrauch derselben fordern kann (§. 182.) und in Tafeln zusammengestellt, so daß man nicht nur für jede Zahl ihren zugehörigen Logarithmus, sondern auch von jedem Logarithmus die zugehörige Zahl findet.

Anmerk. Die größte Sammlung logarithmischer Tafeln ist von Georg Vega (Thesaurus logarithmorum completus etc. Vollständ. Sammlung größerer logarith. trigonom. Tafeln ꝛc. Leipz. 1794. Fol. (10 Thlr.). Handausgaben von Ebendems. (Logarith. trigonom. Handbuch ꝛc. 4te Aufl. Leipzig 1812. (1 Thlr. 12 Gr.), und von Fr. Callet Tables portatives de Logarithmes etc. Edit. stéréotype à Paris 1795. 2 Voll. 8.; letztere wegen Genauigkeit und schönen Drucks sehr empfehlenswerth. — Die Einrichtung dieser Tafeln und die Regeln des Aufschlagens der Logarithmen, mithin den Gebrauch derselben erklären die Vorreden dieser Bücher selbst.

Logarithmen der Brüche.

§. 180. Sind aber die Logarithmen der ganzen Zahlen berechnet, so lassen sich auch die Logarithmen der Brüche, da ihre Werthe nichts anders sind, als Quotienten zweier im Verhältniß gedachter Zahlen (§. 37. b.), nach §. 174 b. finden; z. B. $\lambda\frac{3}{4} = \lambda 3 - \lambda 4$. Da aber Log. $3 <$ Log. 4, so kann nur ein Theil des $\lambda 4$ vom Log. 3 abgezogen werden, der übrige Theil aber muß subtractiv und mit — bezeichnet verbleiben; nämlich:

$$\begin{array}{ll} \lambda 3 = 0{,}4771213 & \lambda 5 = 0{,}69897000 \\ \lambda 4 = 0{,}6020600 & \lambda 8 = 0{,}90308999 \\ \hline \lambda\frac{3}{4} = -0{,}1249387 & \lambda\frac{5}{8} = -0{,}20411999 \end{array}$$

Wenn daher allgem. $a < b$, so ist $\lambda\frac{a}{b} = \lambda a - \lambda b$ d. h. der Logarithm. eines Bruchs ist der Ueberschuß des Log. des Nenners über den des Zählers, und es ergiebt sich daraus die Regel: . . .

$\lambda\frac{2}{3} = \ldots$
$\lambda\frac{2}{7} = \ldots$
$\lambda\frac{1}{10} = \ldots$

Anmerk. Da sich jeder eigentliche Bruch in einen Decimalbruch verwandeln läßt (§. 132.), so thut man daran oft besser und verfährt nach §. 181.

Logarithmen der Decimalbrüche.

§. 181. Da nun ein Decimalbruch ein solcher ist, welcher eine Ordnungszahl zum Nenner hat, so leuchtet aus §. 174. und 180. genugsam ein, warum die Logarithmen der Ordnungszahlen der Decimalbrüche subtractiv, folglich mit (—) bezeichnet werden (§. 175.). Dieses nun auf die Decimalbrüche selbst angewendet, so ist

$$\lambda 0{,}2 = \lambda\tfrac{2}{10} = \lambda 2 - \lambda 10 = 0{,}30102996 - 1 = \\ = -0{,}69897003.$$

$$\lambda 0{,}03 = \lambda\tfrac{3}{100} = \lambda 3 - \lambda 100 = 0{,}47712125 - 2 = \\ = -1{,}52287875.$$

$$\lambda 0{,}25 = \lambda\tfrac{25}{100} = \lambda 25 - \lambda 100 = 1{,}3979400 - 2 = \\ = 0{,}3979400 - 1 = -0{,}6020690.$$

$$\lambda 0{,}496 = \lambda\tfrac{496}{1000} = \lambda 496 - \lambda 1000 = 2{,}6954817 - 3 = \\ = 0{,}6953817 - 1 = -0{,}3045183.$$

Es ergiebt sich daher für die Logarithmen der Decimalbrüche die Regel: . . .

Zur Uebung.

$\lambda 0{,}3 = \ldots$

$\lambda 0{,}02 = \ldots$

$\lambda 2{,}75 = \ldots$

$\lambda 5{,}4 = \ldots$

$\lambda 46{,}58 = \ldots$

Anmerk. Es ist meistens bequemer und nützlicher, die subtractive Charakteristik hinter dem Logarithmus der Zahl stehen zu lassen, ohne letztere von ihr abzuziehen, weil sie oft gegen andere additive Charakteristiken aufgehoben werden können. Zu diesem Vortheile pflegt man auch bisweilen beide Charakteristiken um Gleiches zu vergrößern oder zu verkleinern. Z. B.

$$\begin{aligned} \lambda 2 &= 0{,}30102996 - 1 \\ &= 1{,}30102996 - 2 \\ &= 2{,}30102996 - 3 \end{aligned}$$

u. s. w.

Geschichte der Logarithmen.

§. 182. Der Entdeckung der Logarithmen, welche, nebst der Berechnung derselben, zu den merkwürdigsten der Mathematik gehört, ist schon Archimedes sehr nahe gewesen; demungeachtet aber ist sie durch die lange Reihe dunkler Jahrhunderte bis zur Wiederauflebung des wissenschaftlichen Geistes in Europa unterblieben. Der erste, welcher sie erkannte, war Mich. Stifel (1544), jedoch noch fern von der Bildung eines Systems. Dieses war dem Lord Neper (1550 — 1618) aufbehalten, dessen Systeme aber die erforderliche Bequemlichkeit mangelte, welche Henry Briggs (1618) dadurch erreichte, daß er dem Logarithmensysteme das decadische Zahlensystem zum Grunde legte. Seine Berechnung erstreckte sich auf alle Logarithmen von 1 bis 20000 und von 90000 bis 100000 auf 14 Decimalstellen. Die Lücke von 20000 bis 90000 ergänzten seine Schüler und Freunde Gellibrand, Gunter und vornämlich Adr. Vlacq (Buchhändler zu Gouda), welcher zuerst den ganzen Bau der Logarithmen von 1 bis 100000 auf 10 Decimalstellen in seinem Verlage erscheinen ließ. — Newton's und Liebnitz's wichtige Erfindung der Theorie des Unendlichen, wiewohl durch die Logarithmen selbst sehr gefördert, zeigte neue und bequemere Wege ihrer Berechnung, welche später Halley, Euler, La Grange u. and. auf den Binomischen Lehrsatz gründeten. Durch solche Erleichterung der Berechnungsmethode hat man die Logarithmen bis 1021000 auf 48, ja auf 60 Decimalstellen bestimmt.

2.

Rechnung mit Logarithmen.

§. 183. Die Rechnung mit Logarithmen, die hier nur noch zu erörtern übrig ist, lehrt schon die Analogie der Operationen mit den Zahlen und den Logarithmen oben §. 174., wo wir erkannten, daß durch die

a) Addition der Logg. die Multiplication der Zahlen
b) Subtraction " " Division " "
c) Multiplication " " Potenzirung " "
d) Division " " Wurzelausziehung "

vollzogen wird. Indem daher den leichtern Operationen mit Zahlen, der Addition und Subtraction keine Logarithmenoperation entspricht, gewährt jene für die schwierigern und weitläuftigern eine sehr bequeme Abkürzung, welche ihren wichtigen Nutzen vorzüglich bei Rechnungen mit vielziffrigen Zahlen beweißt, wie sie in angewandten Lehren unserer Wissenschaft (§. 15.), vornehmlich bei der Ermessung des Himmels und der Erde häufig vorkommen. Die Kunst mit Logarithmen zu rechnen besteht in nichts mehr, als darinne, daß man die

Logarithmen der Zahlen, mit welchen man zu rechnen hat, nach den Regeln ihres Gebrauchs, die sich darinne vorfinden, aufschlägt, die nöthige Rechnungsoperation auf sie anwendet und endlich den dadurch gefundenen Logarithmus wieder in den Tafeln nachschlägt, indem die bei letzterem stehende Zahl das Ergebniß der Rechnung ist. Beispiele werden dieß deutlicher zeigen.

a) Addition.

§. 184. Da die Addition der Logarithmen der Multiplication der Zahlen entspricht (§. 183.), so entspricht umgekehrt das Product der Zahlen der Summe ihrer Logarithmen. Z. B.

$$4876 \times 437 \ (\S.\ 85.);\ \lambda 4876 + \lambda 437.$$

$$\lambda 4876 = 3{,}6880637$$
$$\lambda 437 = 2{,}6404814$$
$$\lambda 4876 + \lambda 437 = 6{,}3285451 = \lambda 2130812$$

27
24
20
40

$$789 \times 0{,}34 \ (\S.\ 87.);\ \lambda 789 + \lambda 0{,}34$$

$$\lambda 789 = 2{,}8970770$$
$$\lambda 0{,}34 = 1{,}5314789 - 2$$
$$\lambda 789 + \lambda 0{,}34 = 2{,}4285559 = \lambda 268{,}26.$$

$$0{,}572 \times 0{,}64 \ (\S.\ 86.) = \lambda 0{,}572 + \lambda 0{,}64$$

$$\lambda 0{,}572 = 2{,}75739603 - 3$$
$$\lambda 0{,}64 = 1{,}80618997 - 2$$
$$= 4{,}56357600 - 5$$
$$= 0{,}56357600 - 1 = \lambda 0{,}36608$$

Es ist daher die Regel: Um ein Product mittelst der Logarithmen zu berechnen, . . .

Zur Uebung.

$0,479 \times 352 \ldots$

$0,873 \times 0,6 \ldots$

$14,582 \times 7,24 \ldots$

$1719 \times 3,1415926529 \ldots .$

$191579 \times 3,141592 \ldots .$

b) Subtraction.

§. 185. Aus gleichem Grunde ist der Logarithmus des Quotienten zweier Zahlen die Differenz der Logarithmen derselben. Z. B.

$4899 : 23$ (§. 92.), $\lambda 4899 - \lambda 23$

$$\begin{array}{rl} \lambda 4899 & = 3,6901074 \\ \lambda\, 23 & = 1,3617278 \\ \hline \text{diff.} & = 2,3283796 = \lambda 223 \end{array}$$

$0,09288 : 0,54$ (§. 98.), $\lambda 0,09288 - \lambda 0,54$

$$\begin{array}{rl} \lambda 0,09288 & = 3,9679222 - 5 \\ \lambda 0,54 & = 1,7323938 - 2 \\ \hline \text{diff.} & = 2,2355284 - 3 \\ & = 0,2355284 - 1 = \lambda 0,172 \end{array}$$

Es ist also, um die Division der Zahlen durch Logarithmen auszuüben die Regel: . . .

Zur Uebung.

$176275 : 0,243 \ldots$

$\dfrac{8000 \times 7683}{8152} \ldots$

$5400 : 3,1415926539 \ldots . = \ldots$

$5243 : 3,1415926 \ldots . = \ldots$

c) Multiplication.

§. 186. Man sieht desgleichen aus dem obigen (§. 183.), daß eine Potenz einem sovielfachen Logarithmus ihrer Grundzahl entspricht, als der Grad der Potenz ist. Z. B.

$$860^2;\ \lambda 860 = 2{,}93449945$$
$$2\lambda 860 = 5{,}86899690 = \lambda 739600$$

$$1719^3;\ \lambda 1719 = 3{,}2352759$$
$$3\lambda 1719 = 9{,}7058277 = \lambda 5079781$$

10
67
60
70

Regel: . . .

Zur Uebung.

2^{63} (§. 123. Anm.); . . .

2^{64} (§. 124. Anm.); . . .

$1719^2 \times 3{,}14159926539$ . . . ,

$$\frac{1719^3 \times 3{,}14159926539}{6}$$

d) Division.

§. 187. Endlich entspricht eine Wurzel aus einer Zahl dem Quotienten aus ihrem Logarithmus durch den Wurzelexponenten. Z. B.

$$\sqrt{1296};\ \lambda\sqrt{1296} = \frac{\lambda 1206}{2} = \tfrac{1}{2}\lambda 1296$$

$$\lambda 1296 = 3{,}1126050$$
$$\tfrac{1}{2}\lambda 1296 = 1{,}5563025 = \lambda 36.$$

$$\sqrt{75{,}69};\ \lambda 75{,}69 = 1{,}8790385 \ldots$$
$$\tfrac{1}{2}\lambda 75{,}69 = 0{,}9395193 = \lambda 8{,}7$$

$$\sqrt[3]{1860867};\ \lambda\sqrt[3]{1860867} = \tfrac{1}{3}\lambda\, 1860867.$$

λ 18608.....		=	6,2696997
	6		140
	7		164
λ 1860867		=	6 26971534
$\tfrac{1}{3}\lambda$ " " "		=	2,08990511 = λ 123.

Regel: . . .

Zur Uebung Beispiele §. 153. 156. 157.

Schluß.

§. 188. So haben wir nun das Gebiet unserer Wissenschaft so weit durchwandert, als wir es oben (§. 45.) überschauten. Auf jenen drei Stufen gleichsam, auf welchen sich das Denken der Größen und Zahlen erhebt, haben sich uns drei Hauptgattungen der Operationen des Rechnens mit ihren entgegengesetzten (schaffenden und auflößenden) Arten: Addition und Subtraction, Multiplication und Division, Potenzirung und Wurzelausziehung, dargeboten, welche von einfachern und leichtern zu zusammengesetztern, schwierigern und zugleich mächtigern emporsteigen und endlich einander durch die Logarithmen die helfenden Hände reichen; und welche uns die unermeßliche Macht und Herrschaft des menschlichen Verstandes durch sie verkünden. — Wollten wir auf ähnliche Weise, wie wir die Größe durch sie selbst zur Zahl, die Zahl durch sie selbst zur Potenz bildeten, die Potenz durch sie selbst zu einer neuen Zahlverbindung erheben, als:

$$(a^n)^0 \,..\, (a^n)^1 \,..\, (a^n)^2 \,..\, (a^n)^3 \,..\, (a^n)^4 \,..\, (a^n)^5 \ldots\ldots$$
$$= a^0 \,..\, a^n \,..\, a^{2n} \,..\, a^{3n} \,..\, a^{4n} \,..\, {}^{5n} \text{ (§. 164.)}$$

so würden wir dadurch nichts anderes denken noch thun, als Potenzen potenziren (§. 164.) und im Gegentheile Wurzeln aus Wurzeln ausziehen

(§. 171.). Wir sehen uns darum hier an der Grenze des Gebietes unserer Wissenschaft, über welche hinaus jeder Schritt in dasselbe und zu schon betrachteten Gegenständen zurückgeleitet wird. Aber innerhalb derselben breitet sich uns dieses nach andern Richtungen mächtig aus und bietet einen unerschöpflichen und für alle Wissenschaften und Künste, in welchen die Mathematik erleuchtend waltet, eben so fruchtbaren Reichthum von Erkenntnissen, Wahrheiten und Operationen dar, deren nächsten und wichtigsten wir in einem zweiten Lehrgange betrachten wollen.

Verzeichniß

allgemeiner und besonderer

Maaße, Gewichte und Münzen.

A. Allgemeine.

1) Maaße.

Zeitmaaß. 1 Jahr = 12 Monate = 52 Wochen = 365 Tage, 1 Woche = 7 Tage, 1 Tag = 24 Stunden, 1 Stunde = 60 Minuten, 1 Minute = 60 Secunden.

Raummaaß. Der Raum wird nach Fuß, Ruthen und Meilen gemessen.

Der Fuß wird entweder nach 10 (Decimalmaaß) oder nach 12 (Duodecimalmaaß) in Zolle, Linien und Scrupel eingetheilt. Die drei vornehmsten Fußmaaße sind: der Englische, der Französische und der Rheinländische; letzterer in Deutschland allgemein gebräuchlich: 15 Französische = 16 Englische, 27 Franz. = 28 Rheinländische.

Die Ruthe hat in verschiedenen Ländern eine verschiedene Anzahl Fuße: die Amsterdamer 13, die Baseler, Braunschweiger, Hamburger, Nürnberger 16, die Casseler und Erfurter 14, die Dänische 10, die Danziger 15, die Rheinländische 12. In Frankreich 1 perche = 3 toises, 1 toise = 6 pieds.

Feldmaaß im Brandenburgischen 1 Hufe = 30 Morgen, 1 Morgen = 1[illegible]0 Quad. Ruthen; in Sachsen 1 Acker = 300 Quad. Ruthen = 51247 Französische Quad. Fuß.

Getraidemaaß. 1 Last = 3 Winspel, 1 Winspel = 2 Malter, 1 Malter = 12 Scheffel, 1 Scheffel = 16 Metzen.

Weinmaaß (deutsches). 1 Fuder = 4 Oxhoft = 6 Ohm, 1 Oxhoft = 3 Eimer, 1 Eimer = 2 Anker, 1 Anker = 40 Maaß.

Biermaaß (deutsches). 1 Gebräude = 9 Kupen, 1 Kupe = 2 Faß, 1 Faß = 2 Tonnen, 1 Tonne = 4 Oehmchen, 1 Oehmchen = 24 Maaß.

Papier. 1 Ballen = 10 Rieß, 1 Rieß = 20 Buch, 1 Buch = 24 Bogen.

2) Gewichte.

Handelsgewicht. 1 Centner = 5 Steine, 1 Stein = 22 Pfund, 1 Pfund = 32 Loth, 1 Loth = 4 Quentchen.

Fleischgewicht.	1 Centner	= 102 Pfund.
Berggewicht.	1 „	= 114 „
Stahlgewicht.	1 „	= 118 „

3) Münzen.

Braunschweig. 1 Thlr. = 36 Mariengroschen, 1 Mariengroschen = 8 Pfennige.

England. 1 Pfund Sterling = 20 Schilling, 1 Schilling = 12 Penny, 1 Penny = 4 Farthing.

Frankreich. 1 Louisd'or = 24 Livres, 1 Livre = 20 Sous, 1 Sou = 12 Deniers.

Holland. 1 Gulden = 20 Stüber, 1 Stüber = 16 Pfennige.

Oestreich. 1 Gulden = 60 Kreuzer, 1 Kreuzer = 4 Pfennige.

Rußland. 1 Rubel = 10 Griwen, 1 Griwe = 10 Kopeken, 1 Kopeke = 2 Denuschken = 4 Potuschken.

Sachsen. 1 Thaler = 24 Groschen, 1 Groschen = 12 Pfennige.

B. Besondere.

1) Maaße.

a) Ellen und Fußmaaße.

	1 Elle hält Paris. Linien.	1 Fuß hält Paris. Linien.
Aachen	296	125
Amsterdam	306	125,5
Augsburg	262,6	131,3
Basel	241,2	132,2
Berlin	296	139,13
Bern	240,139	130
Bologna	286	168,2
Bourdeaux	528	158
Braunschweig	253	126,5
Bremen	246,4	128,2
Breslau	255,3	127,65
Cassel	252,413	126,3
Cölln	254,979	127,489
Constantinopel	287,2	——
Danzig	254,4	127,2
Emden	297,2	131,3
Erfurt	249,33..	125,66..
Frankfurt am Main	242,61	126,.62
Genf	507	216,3
Genua	110,75	——
Hamburg	254	127
Hannover	258,88	129,44
Hollstein	254	132,3
Königsberg	296	139,13
Koppenhagen	278,26	139,027
Leipzig	250,6	125,3
Lissabon	290,7	145,3
London	405,5	135,1
Lübeck	255,8	129
Lüttich	244,5	127,5
Mailand	260	176
Mainz	244,336	139,22
München	370,16	129,38
Nürnberg	291	134,7
Paris	526,7	144

	1 Elle hält Paris. Linien.	1 Fuß hält Paris. Linien.
Regensburg	359,5	178,7
Rheinländisch	——	139,13
Riga	243	121,5
Rom	887,3	130,6
Rußland	315,4	135
Schweden	263,2	131,6
Schweiz	266,2	133
Sicilien	936,5	107,3
Spanien	375,9	125,3
Strasburg	238,6	128,2
Stuttgard	271,2	126,8
Triest	299,6	——
Trient	271,3	162,2
Venedig	303,4	154
Warschau	259,16	——
Wien	345,4	140,127
Würtemberg	272,288	127
Zürich	266	133

b) Meilen- und Wegmaaße.

	Zahl d. Meilen auf 1 Grad d. Aequators.	1 Meile hält Paris. Fuß	1 Meile hält Rheinl. Fuß
Böhmen	12	28553	29552
Dänemark	14,77	23188	24000
Deutschland			
große	12	28553	29552
gemeine oder geogr.	15	22842	23642
kleine	17,75	19324	20000
England			
Landmeile	69,12	4956	5130
Seemeile	60	5711	5910
Flandern	17,73	19324	20000
Florenz	68,27	5016	5191
Frankreich			
gemeine Meile	25	13705	14185
kleine Landmeile	28,55	12000	12420
große	22,84	15000	15525
Seemeile	20	17132	17731
geographische	15	22842	23642

	Zahl d. Meilen auf 1 Grad des Aequators.	1 Meile hält Paris. Fuß	Rheinl. Fuß
Griechisch. Stadium	724,4	473	489
Pythisches	750,12	456,5	472,4
Olympisches	576,1	594,5	615,3
Hamburg	14,77	23188	24000
Holland	19	18034	18664
Indien	30	2856	2955
Irrland	40	8566	8866
Italien	60	5711	5910
Neapel	57,71	5934	6141
Portugall	18	19025	19645
Preußen	14,37	23850	24685
Römisches Stadium	604,3	567	587
Römische neue Meile	71,705	4584	4744
alte von 8 Stadien	75,5	4536	4695
Rußland	104,3	3285	2400
Sachsen	12,29	27878	28854
Schlesien	17,18	19945	20643
Schottland	61,34	5586	5782
Schwaben	12	28553	29552
Schweden	10,41	32900	34052
Schweiz	13,3	25765	26666
Spanien	26,25	13052	13509
Türkei	66,66	5104	5319
Ungarn	13,33	26356	27278

c) Körpermaaße

1) zu trockenen Waaren, als Getraide, Salz ꝛc.

Aachen. 1 Malter = 6 Faß, 1 Faß = 4 Kop, 1 Kop = 1244,5 Franz. Cub. Zoll.

Amsterdam. 1 Last, 21,6 Tonnen, 27 Mudden, 36 Säcke, 1 Sack, 3 Scheepels, 12 Vierdevats, 96 Kops = 4087,5 Franz. Cub. Zoll.

Antwerpen. 1 Last, 32,5 Vierteln; 1 Viertel, 4 Mucken = 3867,5 Fr. C. Zoll.

Augsburg. 1 Schaff, 8 Metzen, 32 Vierling, 128 Viertel, 512 Mäßle = 10346,5 Fr. C. Zoll.

Basel. 1 Sack, 8 Scheffel, 32 Küpfly, 64 Becher = 6504 Fr. C. Zoll.

Berlin. 1 Last, 3 (2) Winspel; 1 Winspel, 2 Malter, 24 Scheffel; 1 Scheffel, 4 Viertel, 16 Metzen, 64 Mäßchen = 2758,922 Fr. C. Zoll.

Bern. 1 Mütt, 12 Mäß, 48 Immi, 96 Achterli, 192 Sechzenerli; 1 Mäß = 706,34 Fr. C. Zoll.

Braunschweig. 1 Winspel, 4 Scheffel, 40 Himten; 1 Himten, 4 Vierfaß, 16 Locher = 1565 Fr. C. Zoll.

Bremen. 1 Last, 4 Quart, 40 Scheffel, 1 Scheffel, 4 Viertel (Spint) = 3585,6 Fr. C. Zoll.

Breslau. 1 Malter, 12 Scheffel, 1 Scheffel, 4 Viertel, 16 Metzen, 64 Mäßchen = 3731 Fr. C. Zoll.

Carlsruhe. 1 Malter, 8 Simri, 1 Simri, 4 Viertel, 16 Mäßchen = 812,011 Fr. C. Zoll.

Cassel. 1 Scheffel, 4 Himten, 16 Metzen, 64 Mäßchen = 4045 Fr. C. Zoll.

Cölln. 1 Malter, 4 Faß; 1 Faß = 1805,757 Franz. C. Zoll.

Danzig. 1 Last, 60 Scheffel; 1 Scheffel, 4 Viertel, 16 Metzen = 2452 Fr. C. Zoll.

Dresden. 1 Winspel, 2 Malter, 24 Scheffel; 96 Viertel, 384 Metzen, 1536 Mäßchen = 5416 Franz. C. Zoll.

Emden. 1 Last, 15 Tonnen, 30 Sack, 60 Verps, 1 Verps, 2 Scheffel = 2409 Fr. C. Zoll.

Frankfurt a. M. 1 Malter, 4 Simmer, 8 Metzen, 16 Sechser, 64 Gescheid, 456 Schrot = 5784 Franz. C. Zoll.

Hamburg. 1 Scheffel, 2 Faß, 4 Himpt, 16 Spint, 64 große Maaß = 5312 Fr. C. Zoll.

Hannover. 1 Last, 2 Winspel, 16 Malter, 96 Himten, 1 Himt = 1568 Fr. C. Zoll.

Heidelberg. 1 Malter, 4 Viernsel; 1 Viernsel, 2 Simmer, 2 Kümpfe = 1403,17 Fr. C. Zoll.

Königsberg. 1 Last, 24 Tonnen, 56,5 Ausmaaß (neue Berl. Scheffel) = 240 Vierteln ꝛc.

Koppenhagen. 1 Last, 22 Tonnen; 1 Tonne, 8 Scheffel, 32 Viertel, 64 Achtel ꝛc. = 7013 Fr. C. Z.

London. 1 Last, 2 Weys, 10 Quarters, 20 Combs, 40 Strikes, 80 Bushels; 1 Bushel = 1801 Franz. C. Zoll.

München. 1 Schaff, 6 Metzen, 12 Viertel, 16 Mäßel = 1870,5 Fr. C. Zoll.

Nürnberg. 1 Simmer, 2 Malter, 16 Metzen, 1 Metze = 1017,09 Fr. C. Zoll.

Oldenburg. 1 Last, 12 Molt, 18 Tonnen, 144 Scheffel; 1 Scheffel = 1103 Fr. C. Z.

Paris. 1 Muid, 12 Setiers, 24 Mines, 48 Minot, 144 Boisseau; 1 Boisseau, 16 Litrons = 656 Fr. C. Zoll.

Prag. 1 Strich, 4 Viertel, 16 Maaßel, 192 Seidel = 4718 Fr. C. Zoll.

Rom. 1 Rubbo, 22 Scorzi = 13472 Fr. C. Zoll.

Stockholm. 1 Tonne, 2 Spann, 8 Viertel, 32 Kappor, 56 Kannen, 112 Stoop ꝛc. = 7386 Fr. C. Zoll.

Wien. 1 Muth, 30 Metzen, 1 Metze = 3100 Franz. C. Zoll.

Würtemberg. 1 Scheffel, 8 Simri, 1 Simri, 4 Viertel ꝛc. = 1116,806 Fr. C. Zoll.

Zürich. 1 Mütt, 4 Viertel, 16 Vierling, 64 Mäßli = 4170 Fr. C. Zoll.

2) zu Flüssigkeiten, Wein, Oel u. dergl.

Aachen. 1 Toune = 104 Kannen, 1 Kanne = 53,25 Fr. Cub. Zoll.

Amsterdam. 1 Ahm, 4 Anker, 8 Stekannen, 64 Stoopen, 128 Mingeln = 7705 Fr. C. Zoll.

Antwerpen. 1 Both, 152 Stoopen, 1 Ohm, 50 Stoopen, 1 Stoop = 160 Fr. C. Zoll.

Augsburg. 1 Fuder, 8 Jez, 16 Muids, 768 Maaß, 1536 Seidel rc., 1 M. = 72 Fr. C. Zoll.

Basel. 1 Saum, 3 Ohm, 120 Potr; 1 Ohm = 2522 Fr. C. Zoll.

Berlin. 1 Fuder, 4 Oxhoft, 6 Ohm, 12 Eimer, 24 Anker, 768 Quart, 1 Quart = 59 Fr. C. Zoll.

Bern. 1 Faß, 6 Saum, 24 Eimer, 600 Maaß (Pinten), 1 Pinte = 84,22 Fr. C. Zoll.

Braunschweig. 1 Fuder, 4 Oxhoft, 6 Ahm, 240 Stübchen, 960 Quartier, 1920 Nößel; 1 Quart = 46,331 Fr. C. Zoll.

Bremen. 1 Ahm, 4 Anker, 45 Stübchen, 180 Quart, 1 Stübchen = 160 Fr. C. Zoll.

Breslau. 1 Eimer, 20 Topf, 80 Quart, 320 Quartierl.; 1 Quartl. = 35,039 Fr. C. Zoll.

Carlsruhe. 1 Ohm, 12 Viertel, 72 Aichmaaß; 1 Aichmaaß = 4 Schoppen = 79,885 Fr. C. Zoll.

Cassel. 1 Fuder, 6 Ohm, 120 Viertel, 480 Maaß; 1 Maaß = 98,52 Fr. C. Zoll.

Cölln. 1 Tonne, 160 Viertel, 1 Ohm, 26 Viertel, 104 Maaß, 416 Pintgen; 1 Maaß = 66,216 Franz. C. Zoll.

Danzig. 1 Last, 2 Faß, 4 Both, 8 Oxhoft, 12 Ahm, 48 Anker, 240 Viertel, 1320 Stoff; 1 Stoff = 86,25 Fr. C. Zoll.

Dresden. 1 Fuder, 6 Ohm, 12 Eimer, 24 Anker, 756 Kannen; 1 Kanne = 47,2 Fr. C. Zoll.

Frankfurt a. Main. 1 Fuder, 6 Ohm; 1 Ohm 20 Viertel, 80 Maaß; 1 Maaß = 90,375 Fr. C. Zoll.

Hamburg. 1 Fuder, 6 Ahm, 24 Anker, 30 Eimer, 120 Viertel, 240 Stübchen, 480 Kannen, 960 Quartier; 1 Quartier = 45$\frac{1}{3}$ Fr. C. Zoll.

Hannover. 1 Fuder, 4 Oxhoft, 6 Ahm, 15 Eimer, 24 Anker, 240 Stübchen, 480 Kannen, 960 Quartier; 1 Quart = 49 Fr. C. Zoll.

Heidelberg. 1 Ohm, 20 Viertel (kleine 12 Viertel), 1 Viertel, 4 Aichmaaß, 1 Maaß, 4 Schoppen = 99,677 Fr. C. Zoll.

Königsberg. 1 Both, 2 Oxhoft, 3 Ahm, 12 Anker, 60 Velten, 360 Stoff; 1 Stoff = 72,33 Fr. C Zoll.

Koppenhagen. 1 Fuder, 6 Ahm, 24 Anker, 240 Stübchen, 465 Kannen, 930 Pott (Krug); 1 Pott = 48,7 Fr. C. Zoll.

London. 1 Tun, 2 Pipes, 3 Punchions, 4 Hoy's-heads, 6 Tierces, 8 Barrels, 14 Rundlets, 252 Gallons; 1 Gallon = 183 Fr. C. Zoll.

München. 1 Faß, 25 Eimer, 1 Eimer, 60 Kannen zu 4 Quartel; 1 Kanne = 53,8923 Fr. C. Zoll.

Nürnberg. 1 Fuder, 12 Eimer, 1 Eimer 84 Maaß; 1 Maaß = 57,73 Fr. C. Zoll.

Oldenburg. 1 Oxhof, 1,5 Ohm, 6 Anker, 156 Kannen, 240 Quart; 1 Kanne = 74 Fr. C. Zoll.

Paris. 1 Muid, 2 Feuillettes, 3 Tierçons, 4 Quartants, 36 Veltes, 288 Pintes; 1 Pinte = 46,95 Fr. C. Zoll.

Prag. 1 Faß, 4 Eimer, 128 Pinten, 512 Seidel; 1 Pinte = 96,25 Fr C. Zoll.

Rom. 1 Botta, 3 Brente, 9 Barili, 1 Barilo, 4,5 Rubbi, 32 Bocali, 128 Fogliette = 2294,5 Franz. C. Zoll.

Stockholm. 1 Tonne, 48 Kannen, 96 Stoop, 384 Quartier rc. = 6336 Fr. C. Zoll.

Wien. 1 Fuder, 32 Eimer, 1 Faß 10 Eimer, 1 Eimer 40 Maaß = 2853,38 Fr. C. Zoll.

Würtemberg. 1 Fuder, 6 Ohm (Eimer), 96 Imi, 960 Maaß, 3840 Schoppen; 1 Eimer 160 Aichmaaß, 1 Aichmaaß = 92,61 Fr. C. Zoll.

Zürich. 1 Saum, 1,5 Eimer, 6 Viertel zu 16 Maaß, 1 Maaß = 92 Fr. C. Zoll.

2) Gewichte.

a) Apothekergewicht.

Pfund.	Unze.	Drachme.	Scrupel.	Gran.
℔	℥	ʒ	℈	Gr.
			1	20
		1	2	60
	1	8	24	480
1	12	96	288	5760

Diese Bestimmungen gelten durch ganz Deutschland; 1 Pfund = 1½ Mark.

b) Cöllnisches Markgewicht.

Mark.	Loth.	Grän.	Richtpfennige.
	1	18	4096
1	16	288	65536

c) Englisches Troygewicht.

Pound.	Ounce.	Penny-Weight.	Grain.
		1	24
	1	20	480
1	12	240	5760

d) Französisches Troygewicht.

Marc.	Once.	Gros.	Denier.	Grain.
			1	24
		1	3	72
	1	8	24	576
1	8	64	192	4608

e) Holländisches Troygewicht.

Mark.	Unze.	Engel.	As.
		1	32
	1	20	640
1	8	160	5120

f) Handelsgewicht, nebst Gold- und Silbergewicht.

	1 Pfund Handesgewicht Holländ. As.	1 Mark Gold- u. Silbergew. Holländ. As.
Amsterdam	10280	5120
Augsburg	9836	4912
Basel	9983	4867,28
Berlin	9751,5	4866,22
Bern	10825	5094
Braunschweig	9726,$\frac{1}{8}$	4867,28
Breslau	4833,7	4066
Brüssel	9754	5120
Cassel	10078,1	4867,28
Cölln	9734,56	4867,28
Dänemark	10392,4	4888
Danzig	9062	4862
Dresden	9728,95	4859
England	9439	7766
Erfurt	9734,56	4867,28
Frankfurt am Main	9737,787	4867,28
Hamburg	10080	4864
Hannover	10190	4865,88
Königsberg	7932	4867,28
Leipzig	9728,95	4869,72
Lissabon	9552	4776
München	11679,6	4869
Neapel	18545	6676
Nürnberg	10621,2	4965$\frac{1}{7}$
Paris	10188	5094
Regensburg	11826	5120
Riga	8701	4351
Rußland	8512	——
Schweden	8848	4384

3) Münzen.

a) Rechnungsmünzen.

(Der Goldwerth eines Stücks ist nach Thalern, 5 auf die Passirpistole; der Silberwerth nach Thalern Convent.)

	Stücke auf 1 Cöllnische Mark f. Gold	Stücke auf 1 Cöllnische Mark f. Silb.	Goldwerth 1. Stücks	Silberwerth 1. Stücks
Amsterdam.				
Gulden à 20 Stüber				
Banco : :	$342\frac{9}{20}$	23,242	0,57613	0,57368
Courant : :	$358\frac{29}{32}$	$24\frac{3}{8}$	0,54935	0,54702
Livr. Vls. à 20 Schilling : :	57,0375	3,8337	3,45680	3,44210
Banco : :	56,818	$4\frac{1}{18}$	3,29610	3,28210
Thaler à $1\frac{1}{2}$ Fl.				
Augsburg.				
Reichsgulden à 60 Kreuz.				
Courant :	$299\frac{1}{4}$	20	0,65865	0,66666
Münze : :	359,1	24	0,54904	0,55555
Rthlr. à $1\frac{1}{2}$ Fl.				
Basel.				
Gulden à 60 Kreuzer.				
Wechselgulden :	$305\frac{3}{4}$	21,31	0,64485	0,62569
Courant :	339,73	23,68	0,58035	0,56313
Berlin.				
Rthlr. à 24 Gr. :	$210\frac{5}{18}$	14	0,93748	0,95238
Livre à 24 gr. Banco	160,24	$10\frac{2}{3}$	1,23044	1,25
Bern.				
Gulden à 60 Kreuzer	$353\frac{7}{24}$	23,677	0,55809	0,66314
Krone à $1\frac{2}{3}$ Fl. :	211,97	14,206	0,93015	0,93856
Braunschweig.				
Rthlr. à 36 Mgr. :	$197\frac{1}{8}$	$13\frac{1}{2}$	1,00000	1,00000
Bremen.				
Rthlr. à 72 Groot :	$197\frac{1}{8}$	$13\frac{1}{3}$	1,00000	1,00000
Breslau.				
Rthlr. à 30 Silbergr.	205,27	14	0,96048	0,95238
Cassel.				
Rthlr. à 32 Albus :	$197\frac{1}{3}$	$13\frac{1}{3}$	1,00000	1,00000
Cölln am Rhein.				
Spec. Thlr. a 80 Albus	$236\frac{3}{5}$	16	0,83333	0,83333
Curantthlr. à 78 Albus	$242\frac{2}{3}$	16,41	0,81250	0,81250

	Stücke auf 1 Cöllnische Mark f. Gold	f. Silb.	Goldwerth 1. Stücks	Silberwerth 1. Stücks
Constantinopel.				
Piaster zu 24 Paras od. 100 gute u. 120 Cour. Asper	340 7/8	25	0,57831	0,53333
Curland.				
Thaler Alberts à 4 Fl.	136,85	9 3/5	1,44069	1,38887
Gulden Cour. à 30 gr.	547 5/12	38 2/5	0,36017	0,34722
Dänemark.				
Rthlr. à 3 Mark Lüb.				
Spec. Val.	139,46	9 1/4	1,41370	1,44144
Dän. Courant	171 3/7	11,37	1,15012	1,17269
Mk. Lüb. à 2 Mk. Dän.				
Spec. Val.	418 2/5	27 3/4	0,47123	0,48048
Hollst. Cour.	523,03	34 1/16	0,37697	0,38438
Danzig.				
Gulden à 30 gr.	821,1	56	8,24013	0,23810
Thaler à 3 Gulden	273,7	18 2/3	0,72038	0,71429
England.				
Pfd. Sterl. à 20 Schill.	32,646	2,1273	6,03940	6,26770
Schilling à 12 Pence	652,92	42,546	0,30197	0,31338
Pence	7835	510,55	0,02517	0,02612
Frankfurt a. M.				
Reichsgulden à 60 Kreuz.				
Courant	295,78	20	0,66660	0,66660
Münze	354,94	24	0,55550	0,55550
Genf.				
Livres à 20 Sous	462 5/8	32,242	0,42619	0,41354
Gulden à 12 Sous	1619,19	112,84	0,12177	0,11815
Hamburg.				
Mk. à 16 Schill. Banco	410,553	27,625	0,48023	0,48265
Courant	505,3	34	0,39020	0,39216
Wechselthlr. à 32 Schill. Banco	205,275	13,81	0,96047	0,96531
Rthlr. à 48 Schill. Cour.	168,43	11 1/3	1,17060	1,17647
Hannover.				
Rthlr. à 36 Margr.				
Duc. à 2 3/4 Rthl.	188,17	12	1,04780	1,11111
Pistole à 4 2/3 Rthlr.	184,022	12,444	1,07140	1,07143

	Stücke auf 1 Cöll=nische Mark f. Gold	f. Silb.	Gold=werth 1. Stücks	Silber=werth 1. Stücks
Leipzig.				
Rthlr. à 24 gr.	$197\frac{1}{6}$	$13\frac{1}{3}$	1,00000	1,00000
Lübeck.				
Mark à 16 Schill.	502,77	34	0,39215	0,39216
Rthlr. à 48 Schill.	167,6	$11\frac{1}{3}$	1,17644	1,17647
München.				
Reichsgulden a 60 Kreuz	342,487	24	0,57570	0,55555
Nürnberg.				
Rchsgld. a 60 Kr. Cour.	$295\frac{3}{4}$	20	0,66666	0,66666
Münze	354,9	24	0,55555	0,55555
Paris.				
Livre zu 20 Sols a 12 Deniers	815,256	53,275	0,24184	0,25027
Regensburg.				
Reichsguld. à 60 Kreuz.	359,25	24	0,54886	0,55555
Rußland.				
Rubel a 1000 Copeken	196,364	13	1,00408	1,02565
Schweden.				
Rthlr. a 48 Schill.	134,73	9,093	1,46337	1,46631
Daler Silbermz. à 4 Mk.	808,4	54,56	0,24589	0,24438
Daler Kupfermünze	2425,2	163,68	0,08129	0,08146
Straßburg.				
Livre a 20 Sols	815,256	53,275	0,24184	0,25027
Ecu a 90 Kreuzer	271,75	17,758	0,72553	0,75082
Wien.				
Reichsgulden à 60 Kreuz.	305,74	20	0,64486	0,66666
Rthlr. à 90 Kreuzer	203,83	$13\frac{1}{3}$	0,96729	1,00000
Würtemberg.				
Reichsguld. à 28 Schill.	342,49	24	0,57570	0,55555
Zürich.				
Gulden a 60 Kreuzer	318,5	22,2	0,61904	0,60068
Thaler à 90 Kreuzer	$212\frac{1}{3}$	14,798	0,92856	0,90109

b) Gold- und Silbermünzen.

(Der Gehalt der Goldmünzen nach Karat und Grän, der Silbermünzen nach Loth und Grän; der Werth eines Stücks nach Thalern, 5 auf die Passirpistole.)

	Stücke auf 1 f. Mark	Gehalt. Kar. Lth.	Gr Gr.	Stücke auf 1 f Mark	Werth 1. Stücks
Dänemark.					
Spec. Ducaten seit 1671	67	23	6	68,426	2,88150
Cour. Ducaten seit 1757	75	21	—	85,714	2,30025
Christiand'or seit 1775	35	21	8	38,769	5,08550
Species Reichsthaler.	$8\frac{3}{32}$	14	—	9,25	1,44144
Deutschland.					
Goldmünzen, ausgeprägt					
1) nach dem Ducatenfuße,					
Ducaten, Reichsfuß	67	23	8	67,944	2,90187
Holländ. Fuß	67	23	7	68,184	2,89170
Passirfuß	67	23	6	68,426	2,88150
2) nach dem Goldguld. F.					
Goldguld., Hannöversche	72	18	10	91,75	2,14894
Rheinische	72	18	6	93,41	2,11087
Carolinen - -	24	18	6	31,135	6,38260
Mard'or - - -	36	18	6	46,703	4,22174
3) nach dem Pistolenfuße,					
Pistolen, allgemeine -					
gesetzmäßige	35	21	9	38,621	5,44550
Passirfuß - -	35,6	21	8	39,433	5,00000
Augustd'or seit 1771					
gesetzmäßig -	35	21	8	38,769	5,08550
Passirfuß - -	$35\frac{4}{11}$	21	8	39,175	5,03320
Carld'or, gesetzmäßig	35	21	9	38,621	5,44550
Passirfuß - -	35,5	21	8	39,508	4,99050
Friedrichd'or, gesetzmäßig	35	21	9	38,621	5,44550
Passirfuß	35,5	21	8	39,324	5,01400
Silbermünzen, ausgeprägt					
1) nach dem Conventionsfuße zu 20 Fl.					
Speciesthaler a 2 Fl.	$8\frac{1}{3}$	13	6	10	1,33333

	Stücke auf 1 f Mark	Gehalt. Kar. Lth.	Gr. Gr.	Stücke auf 1 f Mark	Werth 1. Stücks
Reichsgulden à 60 Kreuz. oder 16 gr.	$16\frac{2}{3}$	13	6	20	0,66666
2) nach dem Leipziger Fuße zu 18 Fl.					
Speciesthaler à 2 Fl.	8	14	4	9	1,48148
Gulden, ordin. od. neue	$13\frac{1}{2}$	12	0	18	0,74074
feine Lüneburger	$17\frac{7}{8}$	15	16		
feine Sächsische	17	15	2		
3) nach d. Lübischen Fuße zu 17 Fl.					
Rthlr. a 3 Mk. seit 1752	$8\frac{1}{2}$	12	0	$11\frac{1}{3}$	1,17647
2 Markstücke seit 1726	$12\frac{3}{4}$	12	0	17	0,78431
4) nach dem Preußischen Fuße zu 21 Fl.					
Rthlr. zu 24 gr.	$10\frac{1}{2}$	12	0	14	0,95238
8 Groschenstücke	28	10	12	42	0,31746
4 Groschenstücke	$43\frac{3}{4}$	8	6	84	0,15873
2 Groschenstücke	63	6	0	168	0,07936
England.					
Guineen à 21 Sch. Sterl.	$28\frac{1}{2}$	22	0	31,091	6,34150
Kronen a 5 Schill. Sterl.	7,8	14	12	8,509	1,56094
Schilling	39	14	12	42,55	0,30908
Frankreich.					
Louisd'or seit 1785 à 24 Livres	$30\frac{2}{3}$	21	8	33,97	5,84420
Ecu oder Laubthaler seit 1726 a 6 Livres	8	14	$7\frac{1}{2}$		1,50175
Holland.					
Ruyder a 14 Fl.	$23\frac{1}{2}$	22	0	25,636	7,69080
Ducaten à $5\frac{1}{4}$ Fl.	67	23	7	68,184	2,89170
Gulden	22,217	14	$10\frac{1}{2}$	$24\frac{3}{8}$	0,54701
Schillinge	$46\frac{7}{8}$	9	$2\frac{1}{2}$	82,07	0,16247
Stüver	290,06	9	2	509,4	0,02617
Rußland.					
Speciesducaten seit 1701	67	23	4	68,913	2,86106
Imperial seit 1762 à 10 Rubel	17,879	22	0	19,505	10,1075
Rub. à 100 Copek. s. 1763	$9\frac{3}{4}$	12	0	13	1,02563

	Stücke auf 1 f. Mark	Gehalt. Kar. Lth.	Gr. Gr.	Stücke auf 1 f. Mark	Werth 1. Stücks
Schweden.					
Ducaten seit 1777 à 94 Schilling : :	67	23	5	$68\frac{2}{3}$	2,57130
Speciesthaler seit 1777 à 48 Schilling : :	7,988	14	1	9,093	1,46630
Spanien.					
Pistolen seit 1772 à 80 Real de Vell. :	$34\frac{1}{2}$	21	8	$38\frac{14}{65}$	5,15975
Piaster seit 1762 a 20 Real de Vell. :	$8\frac{2}{3}$	14	6	$9\frac{29}{43}$	1,37825

Decimalabtheilungen.

Decimaltheile des Duodecimalfußes.

	Zolle.		Linien.		Scrupel.
1	0,0833....	1	0,006944....	1	0,0005787....
2	0,166....	2	0,01388....	2	0,0011574....
3	0,25	3	0,020833....	3	0,0017361....
4	0,33 ...	4	0,0277....	4	0,0023148....
5	0,4166....	5	0,03477....	5	0,0028935....
6	0,5	6	0,0166....	6	0,0034722....
7	0,5833....	7	0,048611....	7	0,0040509....
8	0,66....	8	0,055....	8	0,0046296....
9	0,75	9	0,0625....	9	0,0052083....
10	0,833....	10	0,06944....	10	0,0057870....
11	0,9166....	11	0,076388....	11	0,0063657....

Decimaltheile des Sächsischen Thalers.

	Groschen.		Groschen.		Groschen.
1	0,04166....	10	0,4166....	19	0,79166....
2	0,08333....	11	0,45833....	20	0,833....
3	0,125	12	0,5	22	0,875
4	0,16666....	13	0,54166....	22	0,9166....
5	0,20833....	14	0,583....	23	0,95833....
6	0,25	15	0,625		
7	0,29166....	16	0,66....		
8	0,33333....	17	0,70833....		
9	0,375	18	0,75		

	Pfennige.		Pfennige.
1	0,0034722....		
2	0,006944....	$\frac{1}{2}$	0,00173611....
3	0,0104166....	$\frac{1}{3}$	0,001157407....
4	0.013888....		
5	0,0173611....	$\frac{1}{4}$	0,000868055....
6	0,020833....		
7	0,0243555....	$\frac{1}{8}$	0,0004340277....
8	0,02777....		
9	0,0312499....		
10	0,034722....		
11	0,0381944....		

Erklärungen.

Bank nennt man eine unter der Aufsicht eines Staats stehende Anstalt, wo Kapitalisten gegen Interessen, vornehmlich aber Handelshäuser, Geld niederlegen, um durch bloßes Ab= und Zuschreiben, Giro genannt, gegenseitige Zahlungen zu ersparen. Kreiset das Geld blos unter einer gewissen Anzahl Theilnehmern, so heißt sie Girobank, dergleichen zu Venedig (1597), Amsterdam (1609), Hamburg (1619), Nürnberg (1621); kann aber Jedermann gegen eine Banknote Geld erhalten, Zettelbank (als zu Genua, London, Berlin, Stockholm rc.). Bankogeld heißt daher solches, wie es in der Bank angenommen wird, und ist gewöhnlich schwerer und besser, als das umlaufende (courrant). Zu letztern muß daher gegen ersteres Aufgeld (Bankoagio) gegeben werden.

Brutto heißt das Gewicht der Waare mit Einpack; Netto, ohne solchen. Dasjenige, welches dafür abgerechnet wird, heißt Thara.

Ducaten, sonst in gutem Gelde 2 Thlr. 18 Gr., zuerst in Apulien geprägt, sollen von einem Ravennaischen Duca (Fürsten), Longino, im 6ten Jahrhundert n. Ch. so benannt seyn; jedoch wahrscheinlicher von der Umschrift der Venetianischen:

Sit tibi, Christe, datus, quem tu regis, iste Ducatus.

Fein Gold oder Silber heißt dasjenige, was keinen Zusatz von Kupfer hat. 1 Mark fein Silber ist daher 16 Loth reines Silber; 12löthiges, wo in der Mark 12 Loth Silber und 4 Loth Kupfer sind, u. s. w. Man drückt es durch 16theilbrüche aus (als 12löth. = $\frac{12}{16}$, 10löth. = $\frac{10}{16}$ ꝛc.). 1 Mark fein Gold enthält 24 Carolin.

Guinee heißt die Englische Münze daher, weil die ersten unter König Karl II. von England aus Golde von Guinea in Afrika geprägt worden sind.

Louisd'or hat den Namen von Ludwig XIII., König von Frankreich, welcher 1640 die ersten prägen ließ.

Mark, ein Gewicht, welches vor dem 14ten Jahrhundert 8 Unzen = 8 Thlr. enthielt, von wo an 3 Gulden darauf gerechnet wurden. — Die Cöllnische Mark = $\frac{1}{2}$ Pfund wurde von Kaiser Karl V. 1524 zum allgemeinen Münzgewichte im deutschen Reiche bestimmt. Sie beträgt jetzt in Silber 18 Thlr. 8 Gr. sächsisch, 14 Thlr. preußisch; in Golde 36 Ducaten.

Münzfuß ist die Bestimmung des Werthes der Münzen nach ihrem Schrot und Korn, d. i. wie viel Stücke einer bestimmten Münze aus einer feinen Mark geprägt werden: als nach dem Conventionsfuße (1763) 13$\frac{1}{3}$ Thaler oder 20 Gulden, nach dem Preußischen (1650) 14 Thaler oder 21 Gulden.

Rauh nennt man die Mark nach der Mischung mit einem bestimmten Zusatze von Kupfer im Gegensatze der feinen.

Schrot heißt das Gewicht einer gemischten Münze, Korn ihr Gehalt an edlem Metall.

Sterling ist die Münze von Sterling in Südschottland genannt, wo sie zuerst geprägt worden ist.

Thaler, von Joachimsthal in Böhmen, wo die Grafen von Schlick (1517) zuerst solche Münzen zu 21 Gr. geprägt haben sollen.

Troygewicht, von Troyes in Champagne (poid de Mark) genannt.

Register.

A.

S.

T.

U.

V.

W.

X.

Z.

Dresden, gedruckt bei Carl Gottlob Gärtner.

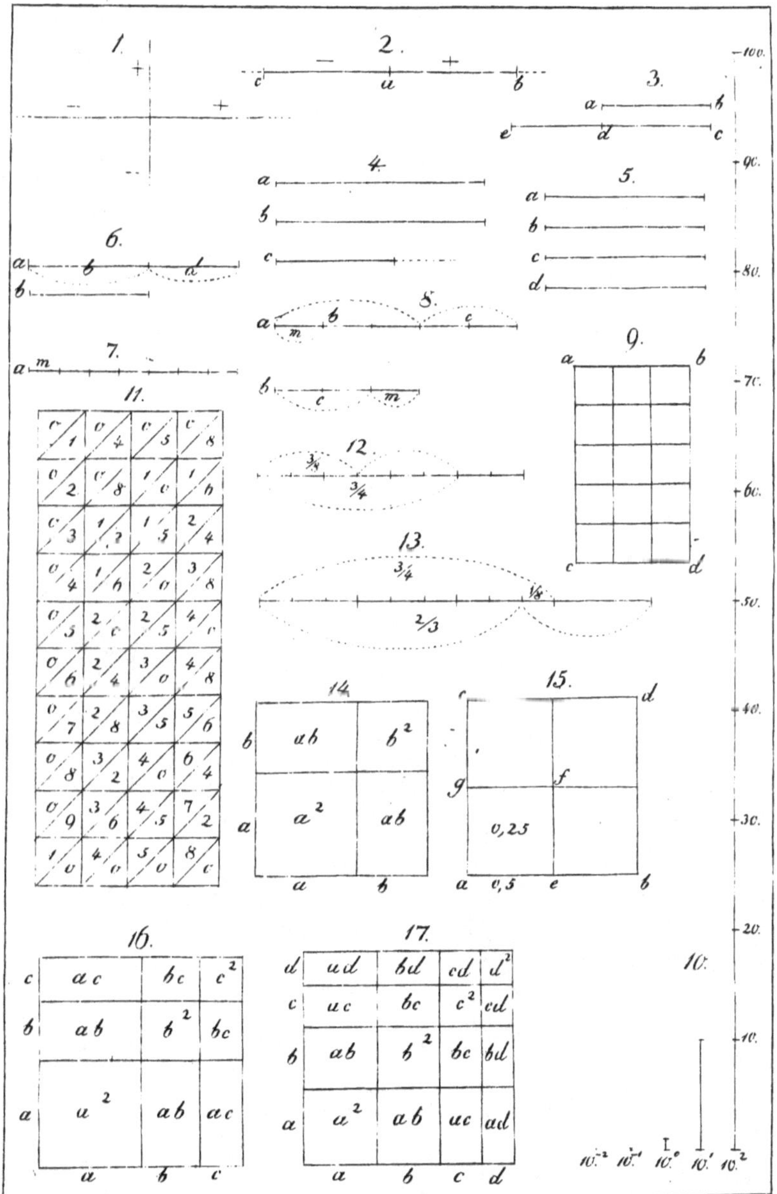

Zur Arithmet. I.

FSC
www.fsc.org
MIX
Papier | Fördert
gute Waldnutzung
FSC® C083411

Zeitfracht Medien GmbH
Ferdinand-Jühlke-Straße 7
99095 Erfurt, Deutschland
produktsicherheit@kolibri360.de